职业形象塑造

主　编　王平春　丁　菊　雷梦瑶
副主编　王西琼　付　磊　张　倩
参　编　林　洁　吴雪莲　徐月梅
　　　　牟　红　张　燕

机械工业出版社
CHINA MACHINE PRESS

本书致力于打造一个全面而实用的商务礼仪知识体系，不仅深入探讨了商务场合中不可或缺的礼仪规范，还细致地阐述了从日常的着装要求到复杂的商务会议、商务宴请的礼仪细节。本书主要内容包括职业形象塑造认知，女士、男士职业形象，商务接待礼仪，会务礼仪，宴会邀请礼仪，服务礼仪，求职与面试礼仪八个模块。本书内容的编排既注重理论知识的系统性，又强调实践操作的必要性，通过精心设计的案例导入、点拨、知识拓展等互动环节，读者可在轻松愉快的学习氛围中，深入理解并灵活运用所学知识。

　　本书可作为高等职业院校商务礼仪课程教材，也可供普通读者学习和参考。

　　本书配套职业教育国家在线精品课程《职业形象塑造》，可登录学银在线选课学习。同时本书配有电子课件，凡使用本书作为教材的教师可登录机械工业出版社教育服务网 www.cmpedu.com 注册后下载。咨询电话：010-88379534，微信号：jjj88379534，公众号：CMP-DGJN。

图书在版编目（CIP）数据

职业形象塑造 / 王平春，丁菊，雷梦瑶主编.
北京：机械工业出版社，2025.3. -- ISBN 978-7-111
-77908-7
　Ⅰ.B834.3
中国国家版本馆CIP数据核字第2025QB6233号

机械工业出版社（北京市百万庄大街22号　邮政编码100037）
策划编辑：卢志林　　　　　责任编辑：卢志林
责任校对：郑　雪　陈　越　责任印制：李　昂
涿州市般润文化传播有限公司印刷
2025年5月第1版第1次印刷
184mm×260mm・10.5印张・227千字
标准书号：ISBN 978-7-111-77908-7
定价：49.80元

电话服务　　　　　　　　　网络服务
客服电话：010-88361066　　机　工　官　网：www.cmpbook.com
　　　　　010-88379833　　机　工　官　博：weibo.com/cmp1952
　　　　　010-68326294　　金　书　网：www.golden-book.com
封底无防伪标均为盗版　机工教育服务网：www.cmpedu.com

前　言

在当今快速发展、瞬息万变的商业时代，职业形象与商务礼仪的重要性愈发突显。党的二十大报告着重强调了文化自信自强与促进国际交流合作的重要意义，职业形象与商务礼仪正是这一时代精神在商业领域的生动映照。它不仅是个人形象塑造的关键要素，更是企业软实力的直观体现，宛如一座无形却坚固的桥梁，跨越地域与文化的界限，将来自五湖四海、秉持不同文化背景的人们紧密相连，有力地推动着彼此间的沟通与理解，不断增进相互的尊重与信任，契合了党的二十大倡导的多元文化交流互鉴理念。基于此时代背景，编者精心编写了本书，旨在为即将踏入职场的高等职业院校学生及广大商务人士呈上一套全面、实用且易于掌握的礼仪知识体系。

本书从职业形象塑造认知开篇，层层深入，对商务场合中的各类礼仪规范展开深入探讨。从职业形象的精心塑造，到商务接待的具体流程与严格要求；从商务会议的筹备组织到顺利开展；从商务宴会的礼仪细节，到客户服务中的关键事项，再到面试时的周全准备与高效沟通，均有详尽阐述。本书尤其注重在多元文化交织的大环境下如何精准地展现尊重与理解，探寻不同文化间共通的沟通语言，这与党的二十大倡导的加强文化交流互鉴、推动构建人类命运共同体的精神高度一致。通过团队努力，本书在学银在线平台建设了与之匹配的《职业形象塑造》课程在线教学资源，并被评为2023年职业教育国家在线精品课程。此外，每个模块皆设有实践训练，通过问卷测试、场景模拟训练等形式，助力读者在深入理解和熟练掌握商务礼仪的同时，能够在实际商务活动中灵活自如地运用，切实提升个人及企业的形象与竞争力，推动商业活动朝着高质量方向发展，响应党的二十大关于高质量发展的号召。

本书的出版是团队合作的结果，泸州职业技术学院王平春负责模块设计和统稿工作，丁菊负责模块一和模块三的编写，雷梦瑶负责模块七、模块八的编写，王西琼负责模块六的编写，付磊负责模块二和模块四的编写，张倩负责模块五的编写，林洁、吴雪莲、徐月梅、牟红、张燕负责实践训练、练习与思考的编写。本书在编写过程中，参考了国内外相关书籍和网络资料，在此，对各位专家、学者和资料贡献者表示衷心的感谢。由于编者水平有限，书中难免有错漏和不足之处，敬请各位读者不吝赐教，以便我们在再版时修订完善。

编　者

目 录

前言

模块一 职业形象塑造认知

模块描述	001
学习目标	001
学习内容	002
单元一　礼仪的起源	002
一、什么是礼仪	003
二、中国礼仪的起源与发展	003
三、东西方礼仪的差异	006
四、礼仪的特征和作用	007
单元二　商务礼仪的适用范围	009
一、商务礼仪的价值	009
二、商务礼仪的基本原则	010
三、商务礼仪的实用指南	011
单元三　礼仪意识	012
一、职场礼仪的基本理念	012
二、提高礼仪修养的途径	013
实践训练	014
模块小结	016
练习与思考	016

模块二 女士职业形象

模块描述	018
学习目标	018
学习内容	019
单元一　女士仪表	019
一、女士职场着装的基本理念	019
二、女士职场着装策略	020
三、女士职业着装的选择	022
四、女士职业着装的搭配技巧	022
单元二　女士仪容	027
一、女士仪容必知	027
二、仪容美的打造	028
三、仪容的其他要求	032

单元三　女士仪态	034
一、女士仪态必知	034
二、仪态礼仪	035
实践训练	038
模块小结	039
练习与思考	039

模块三　男士职业形象

模块描述	041
学习目标	041
学习内容	042
单元一　男士仪容	042
一、发型要求	042
二、面部及口腔卫生	043
三、皮肤清洁	043
单元二　男士仪表	044
一、服装穿搭	044
二、饰物搭配	045
单元三　男士仪态	046
一、站姿	047
二、坐姿	048
三、行姿	048
四、身体语言	049
五、微笑及目光	051
实践训练	052
模块小结	053
练习与思考	053

模块四　商务接待礼仪

模块描述	055
学习目标	055
学习内容	056
单元一　电话礼仪	056
一、拨打电话礼仪	056
二、接听电话礼仪	057
三、代接电话礼仪	058
单元二　微信礼仪	058
一、微信设置礼仪	059

二、添加微信礼仪　　059
　　三、发微信礼仪　　060
　　四、收微信礼仪　　060
　　五、微信群礼仪　　061
　　六、朋友圈礼仪　　061
单元三　称呼礼仪　　062
　　一、称呼的功能　　062
　　二、称呼的方式　　063
　　三、称呼的注意事项　　063
单元四　握手礼仪　　064
　　一、握手的时机　　065
　　二、握手的姿势　　065
　　三、握手的顺序　　066
　　四、握手的时间与力度　　066
　　五、握手的禁忌　　066
单元五　介绍礼仪　　067
　　一、自我介绍礼仪　　068
　　二、为他人介绍礼仪　　069
单元六　引领礼仪　　070
　　一、引领的标准动作　　070
　　二、引领的站位　　071
单元七　乘车礼仪　　072
　　一、座次礼仪　　072
　　二、乘车的行为要求　　073
实践训练　　073
模块小结　　075
练习与思考　　075

模块五　会务礼仪

模块描述　　077
学习目标　　077
学习内容　　078
单元一　会议礼仪规范　　078
　　一、会议的要素　　078
　　二、会议的分类　　079
　　三、组织会议的注意事项　　080
　　四、参加会议的基本礼仪　　081
单元二　会议服务礼仪　　082
　　一、会议的筹备　　083

	二、会中服务	086
	三、会后服务	087
单元三　仪式礼仪		087
	一、签字仪式	088
	二、庆典仪式	090
	三、洽谈仪式	092

实践训练　　　　　　　　　　　　094
模块小结　　　　　　　　　　　　095
练习与思考　　　　　　　　　　　095

模块六　宴会邀请礼仪

模块描述　　　　　　　　　　　　097
学习目标　　　　　　　　　　　　097
学习内容　　　　　　　　　　　　098

单元一　宴请礼仪　　　　　　　　098
　　一、中餐宴请礼仪　　　　　　099
　　二、西餐宴请礼仪　　　　　　101

单元二　中餐礼仪　　　　　　　　103
　　一、中餐席位礼仪　　　　　　103
　　二、中餐餐具使用礼节　　　　106
　　三、中餐上菜的顺序　　　　　107
　　四、中餐赴宴礼仪　　　　　　107
　　五、中餐餐桌礼仪　　　　　　108
　　六、中餐餐后礼仪　　　　　　110

单元三　西餐礼仪　　　　　　　　110
　　一、西餐席位礼仪　　　　　　111
　　二、西餐餐具使用礼节　　　　111
　　三、西餐上菜的顺序　　　　　113
　　四、西餐赴宴礼仪　　　　　　114
　　五、西餐餐桌礼仪　　　　　　115

单元四　自助餐礼仪　　　　　　　116
　　一、自助餐的特点　　　　　　117
　　二、自助餐的组织　　　　　　117
　　三、自助餐就餐礼仪　　　　　119

实践训练　　　　　　　　　　　　120
模块小结　　　　　　　　　　　　121
练习与思考　　　　　　　　　　　121

模块七 服务礼仪

模块描述	123
学习目标	123
学习内容	123
单元一　服务礼仪概述	124
一、服务的概念	124
二、服务的价值	125
三、服务的层级	127
四、服务的特征	129
单元二　服务形象	130
一、服务形象概述	130
二、服务形象要求	131
三、服务仪表要求	131
四、服务仪容要求	134
单元三　七步服务流程	135
一、岗前准备	136
二、迎接顾客	137
三、询问需求	138
四、提供建议	139
五、实施服务	139
六、确认满意	140
七、礼貌送别	141
实践训练	141
模块小结	142
练习与思考	142

模块八 求职与面试礼仪

模块描述	144
学习目标	144
学习内容	144
单元一　求职准备及着装要求	145
一、资料准备	145
二、面试准备	148
三、面试着装要求	150
单元二　面试礼仪	151
一、举止礼仪	151
二、交谈礼仪	153
实践训练	158
模块小结	158
练习与思考	159

参考文献	160

模块一
职业形象塑造认知

模块描述

职业形象不仅反映出个人的素质、能力和教养,更是企业形象、公司管理水平、产品质量与服务水准的体现。学会恰当着装,优雅举止,得体言谈,专业接待,树立良好的职业形象,有助于提高交际能力,改善人际关系,也是提高自身的竞争力和达到更好的合作洽谈效果、彰显品位的基本要求,更是双方建立相互尊重、相互信任、宽容、友善的良好合作关系的重要手段。

通过本模块的学习,学生能够加深理解礼仪的起源和现代礼仪文明的意义,应自觉主动学习运用商务礼仪,塑造良好的个人及企业形象,开展多方交流与合作。

学习目标

能力目标

1. 能用商务礼仪的基本原则进行商务交往。
2. 能在实际生活中加强礼仪的实践与培养。

知识目标

1. 掌握礼仪的基本概念,了解商务礼仪的主要功能。
2. 熟悉礼仪的起源和发展。
3. 理解提高商务礼仪修养的意义。
4. 理解礼仪的作用和交往通则。

素养目标

1. 培养文明知礼的礼仪素养。
2. 强化职业形象意识。

学习内容

单元一　礼仪的起源
单元二　商务礼仪的适用范围
单元三　礼仪意识

建议学时　4

单元一　礼仪的起源

案例导入

孔子一行周游列国时，在一个夏天，他们到了楚国一个风景宜人的名叫阿谷的地方。这里山峰高耸，树木葱茏，清澈的泉水从山涧中泻出，流入谷前的小河，离河不远的丛林深处有几家农舍，一个戴玉瑱的女子正在河边洗衣服。孔子初到这一带，想知道诗礼在此地的意象，便派弟子子贡前去打探。

子贡拿着一个盛酒的容器，走到女子跟前，讨点水喝。姑娘说："这里的水有清有浊，一直流到大海，随便喝。何必问我呢？"说罢，接过容器，迎着流水洗一遍，顺着流水灌满水，然后坐下，把容器放到沙石滩上让子贡自取。子贡又拿来一支琴，对她说："你刚才说的话，像清风一样，吹动我的心扉。这是一支没有调子的琴，请您给我调调音。"姑娘不耐烦地说："我是个农家女，不懂什么调琴。"子贡又将几匹丝织品放到她身边，表示要送给她。这个姑娘正颜厉色地说："你这个过路人，这么啰唆，我虽年少，又怎敢拿你的财帛呢？还不收起你的东西，快快赶路去。"

子贡回来告诉孔子，孔子说："这位女子就是真正地通达人情，知礼啊！"

点　拨

这则故事出自《韩诗外传》卷一。人类社会是有秩序的，一个人在社会上立身处世做人都有一定规矩，只有人人都守规矩，按礼行事，社会才能很好地存在与发展。敬人者人恒敬之，爱人者人恒爱之。你以礼待人，别人也以礼待你，大家都能在各种规定、制度下舒畅地生活。反之，以不恭对不恭，以粗野对粗野，粗暴的行为伤害了各方的感情，损害了人们的身心，谁都生活得不愉快。在中国的传统六艺"礼乐射御书数"中，礼字排第一。《仪礼》《周礼》《礼记》等礼乐文化的经典是古代文人必读之书。蒙学也讲究"做人先学礼"，礼仪教育是人生的第一课。礼仪必须通过学习、培养和训练，才能成为人们的行为习惯。

一、什么是礼仪

1. 礼仪的概念

礼仪是一种约定俗成的、用来确定人与人或人与事物关系的行为方式，包括礼节和仪式。

《周易》中说"观乎人文，以化成天下"，这里的"人文"，是敬天礼地、体现族群伦理与政教伦理等包蕴礼义核心的礼仪文化。《荀子·礼论》中说："上事天，下事地，尊先祖而隆君师，是礼之三本也。"强调"礼"的功能，礼仪文化依循三大伦理原则，即与天地协调的自然伦理、以祖先纪念情感为中心的家庭伦理、推崇君师为政教的政治伦理，这三者是"礼"的核心内涵，是传统礼仪文化的根本性质。

2. 礼和仪的内涵

礼者，内出于心，是人们对自己、对他人尊重的态度；仪者，外显于形，是通过一定的形式、程序、动作等表现出来的礼。

礼是存乎内心的准则、尺度、规范。而仪则是表现在外部的语言、行为等风度、仪态。仪式大多是集体性的，并且一般需要借助其他具体事件来完成，譬如奠基仪式、下水仪式、迎宾仪式、结婚仪式、祭孔大典。礼和仪是密不可分的，二者形为二实为一也。

二、中国礼仪的起源与发展

（一）中国礼仪的起源

1. 从理论上说，礼的产生，是人类协调主客观矛盾的需要

首先，礼的产生是为了维护自然的"人伦秩序"的需要。人类为了生存和发展，必须与大自然抗争，不得不以群居的形式相互依存，人类的群居性使得人与人之间相互依赖又相互制约。在群体生活中，男女有别，老少有异，既是一种天然的人伦秩序，又是一种需要被所有成员共同认定、保证和维护的社会秩序。人类面临着的内部关系必须妥善处理，因此，人们逐步积累和自然约定出一系列"人伦秩序"，这就是最初的礼。

其次，礼起源于人类寻求满足自身欲望与实现欲望的条件之间动态平衡的需要。对欲望的追求是人的本能，在追寻实现欲望的过程中，人与人之间难免产生矛盾，为了避免这些矛盾和冲突，就需要为"止欲制乱"而制礼。

2. 从具体的仪式上看，礼产生于原始宗教的祭祀活动

原始宗教的祭祀活动是最早也是最简单的以祭天、敬神为主要内容的"礼"。这些祭祀活动在历史发展中逐步完善了相应的规范和制度，正式形成祭祀礼仪。随着人类对自然与社会各种关系认识的逐步深入，仅以祭祀天地鬼神祖先为礼，已经不能满足人类日益发展的精神需要和调节日益复杂的现实关系的需要。于是，人们将事神致福活动中的一系列

行为，从内容和形式扩展到了各种人际交往活动，从最初的祭祀之礼扩展到社会各个领域的各种各样的礼仪。

> **知识拓展**
>
> 春秋时期，郑国正卿子太叔进见赵简子，赵简子向他询问揖让、周旋的礼节。
> 子太叔回答说："这是仪，不是礼。"
> 赵简子说："谨敢请问什么叫礼？"
> 子太叔回答说："吉曾经听到先大夫子产说：'礼，是上天的规范，大地的准则，百姓行动的依据。'天地的规范，百姓就加以效法。"

礼出于俗，俗化为礼。从礼仪的起源可以看出，礼仪是人们在社会活动中，为了维护稳定的秩序，保持交际的和谐应运产生的。

（二）中国礼仪的发展

礼仪在其传承沿袭的过程中不断发生着变革。从历史发展的角度来看，其演变过程可以分如下几个阶段。

1. 礼仪的起源时期：夏朝以前（公元前 2070 年）

礼仪起源于原始社会，在原始社会中、晚期（约旧石器时代）出现了早期礼仪的萌芽。整个原始社会是礼仪的萌芽时期，礼仪较为简单和虔诚，还不具有阶级性。内容包括制订了明确血缘关系的婚嫁礼仪、区别部族内部尊卑等级的礼制、为祭天敬神而确定的一些祭典仪式以及制订一些在人们的相互交往中表示礼节和表示恭敬的动作。

2. 礼仪的形成时期：夏、商、西周三代（公元前 2070—公元前 771 年）

人类进入奴隶社会，统治阶级为了巩固自己的统治地位把原始的宗教礼仪发展成符合奴隶社会政治需要的礼制，礼被打上了阶级的烙印。在这个阶段，中国第一次形成了比较完整的国家礼仪与制度。如"五礼"就是一整套涉及社会生活各方面的礼仪规范和行为标准。

3. 礼仪的变革时期：春秋战国时期（公元前 770—公元前 221 年）

这一时期，学术界形成了百家争鸣的局面，以孔子、孟子、荀子为代表的诸子百家对礼教给予了研究和发展，对礼仪的起源、本质和功能进行了系统阐述，第一次在理论上全面而深刻地论述了社会等级秩序划分及其意义。

这一时期的礼仪构成了中华传统礼仪的主体。

> **知识拓展**
>
> 孔子对礼仪非常重视，把"礼"看成是治国、安邦、平定天下的基础。他认为"不学礼，无以立""质胜文则野，文胜质则史。文质彬彬，然后君子"。他要求人们用礼的规范来约束自己的行为，要做到"非礼勿视，非礼勿听，非礼勿言，非礼勿动"。倡导"仁者

爱人",强调人与人之间要有同情心,要相互关心,彼此尊重。

孟子把礼解释为对尊长和宾客严肃而有礼貌,即"恭敬之心,礼也",并把"礼"看作是人的善性的发端之一。

荀子把"礼"作为人生哲学思想的核心,把"礼"看作是做人的根本目的和最高理想,"礼者,人道之极也"。他认为"礼"既是目标、理想,又是行为过程。"人无礼则不生,事无礼则不成,国无礼则不宁。"

管仲把"礼"看作是人生的指导思想和维持国家安定的第一支柱,认为礼关系到国家的生死存亡。

4. 礼仪的强化时期:秦汉到清末(公元前221—1912年)

在我国长达2000多年的古代社会里,尽管礼仪文化在不同的朝代具有不同的社会政治、经济和文化特征,但却有一个共同点,就是一直被统治阶级用来维护古代社会的等级秩序。这一时期的礼仪的重要特点是尊君抑臣、尊夫抑妇、尊父抑子、尊神抑人。在漫长的历史演变过程中,礼仪逐渐变成妨碍人类个性自由发展、阻挠人类平等交往、窒息思想自由的精神枷锁。

5. 现代礼仪的发展

辛亥革命以后,受西方"自由、平等、民主、博爱"等思想的影响,中国的传统礼仪规范、制度受到强烈冲击。新文化运动对腐朽、落后的礼教进行了清算,符合时代要求的礼仪被继承、完善、流传,那些繁文缛节逐渐被抛弃,同时接受了一些国际上通用的礼仪形式。新的礼仪标准、价值观念得到推广和传播。新中国成立后,逐渐确立以平等相处、友好往来、相互帮助、团结友爱为主要原则的具有中国特色的新型社会关系和人际关系。

6. 节日礼仪的回归与更新

节日礼仪是传统礼仪的重要组成部分,岁时节日为人们回归传统提供了时空平台,人们在节日礼仪中体会、享受与传承传统,同时传统也在调整与更新。春节回家团圆,强化家庭伦理与情感传统;清明节祭祀先人与为国牺牲的烈士,通过祭拜礼仪,感恩先人与先烈,传承家国情怀;端午节以纪念屈原等爱国先贤的礼仪,强化人们的历史伦理与爱国精神;中秋节的赏月与团圆庆贺礼仪让自然与人伦传统得到强化;重阳节是中国的敬老节,随着中国老年人口在总人口中的比例逐年上升,关爱老人成为当代文明的重要表现。重阳节敬老祈寿礼仪传统在当代具有越来越重要的现实意义,传承重阳敬老礼仪,动员各方社会力量以实际行动表达对老年人的敬重与关怀,更能体现当代社会文明程度,能够更好地促进社会和谐稳定。

7. 当代公共生活礼仪的传承与创新

当代社会是以人民为主体的现代社会,新的社会生活自然需要相应的礼仪,现代礼仪强调人与自然和谐共生的生态伦理和家庭社会和谐的社会伦理,以及社会主义国家"以人民为中心"的政治伦理。

党的十八大以来，我国十分重视国家公共生活中礼仪礼典的建设，包括任职宣誓仪式，元旦、春节的致辞与庆贺仪礼，先烈纪念日的礼敬仪式，清明祭扫英烈纪念碑的活动等，特别是在人民遭遇重大灾难后，举行肃穆庄严的全国哀悼活动。"礼序乾坤，乐和天地"。2019年的中华人民共和国成立70周年庆典、2021年的中国共产党成立100周年庆典都是盛大庄严的，充分体现了仪式感、参与感。由此可见，礼仪文化对于构建现代国家文明具有重大价值与特别意义。

"礼，时为大。"所有时代对礼的实践、运用与诠释都具备"当代性"。在长时段的历史发展中，先秦礼学的创制、汉初礼学的重构、汉唐礼学的变革、明清礼学的转型等，既反映出历代思想演进中"当代礼学"主题的变换，又体现出礼文化在社会转型与时代需要方面的重要地位与作用。

以新的伦理原则处理人与自然、家庭社会等的关系，既保留了中华民族礼仪文化底色，又体现了礼仪文化融入当代社会的创新性发展。

三、东西方礼仪的差异

东方礼仪主要指中国、日本、朝鲜、泰国和新加坡等为代表的亚洲国家所具有的东方民族特点的礼仪文化。西方礼仪主要指流传于欧洲、北美各国的礼仪文化。

1. 在对待血缘亲情方面

东方人非常重视家族和血缘关系，"血浓于水"的传统观念根深蒂固，人际关系中最稳定的是血缘关系。

西方人独立意识强，将责任、义务分得很清楚，责任必须尽到，义务则完全取决于实际能力，不勉为其难。处处强调个人拥有的自由，追求个人利益。

2. 在表达形式方面

东方人以"让"为礼，凡事都要礼让三分、谦逊、含蓄。西方礼仪强调实用，表达率直、坦诚。

面对他人的夸奖，东、西方人的态度不相同。面对他人的夸奖，东方人常常会表示谦虚；而西方人面对别人真诚的赞美或赞扬，往往会用"谢谢"来表示接受对方的美意。

3. 在礼品馈赠方面

中国重视礼尚往来，将礼作为人际交往的媒介和桥梁。

西方强调交际务实，力求简洁便利，反对繁文缛节、过分客套造作。一般不轻易送礼给别人，除非相互之间建立了较为稳固的人际关系。

4. 在对待隐私权方面

东方人非常注重共性拥有，强调群体，强调人际关系的和谐，邻里间的相互关心，嘘寒问暖，是一种富有人情味的表现。

西方人尊重别人的隐私权，也要求别人尊重自己的隐私权。

四、礼仪的特征和作用

（一）礼仪的特征

礼仪具有一些独有的特征，主要表现在规范性、限定性、可操作性、传承性和变迁性五个方面。

1. 规范性

礼仪是人们在各种交际场合待人接物时必须遵守的行为规范，是约定俗成的一种自尊敬人的惯用形式。

2. 限定性

礼仪适用于普通情况之下的、一般的人际交往与应酬。所以，当所处场合不同，所具有的身份不同时，应用的礼仪往往会有所不同。

3. 可操作性

切实有效、实用可行、规则简明、易学易会、便于操作，是礼仪的一大特征。

4. 传承性

任何国家的礼仪都具有自己鲜明的民族特色，任何国家的当代礼仪都是在古代礼仪的基础上继承、发展起来的。

5. 变迁性

礼仪是在人类长期的交际活动实践中形成、发展、完善起来的，不能完全脱离特定的历史背景。而社会的发展、历史的进步又要求礼仪有所变化，有所进步，与时代同步。

知识拓展

关于敬贤，三国时有个典故"三顾茅庐"。刘备仰慕诸葛亮的才能，亲自到诸葛亮居住的草房请他出山。一而再，再而三，诸葛亮才答应辅佐刘备。从此，诸葛亮的雄才大略得以充分发挥，为刘备的事业"鞠躬尽瘁，死而后已"。

纵观中国古代历史，历来有作为的君主，大多非常重视尊贤用贤，视之为国家安危的决定因素。当下，提倡发扬古代"敬贤之礼"，须赋予现代新人才观的内容，就是要尊重知识，尊重人才。

（二）礼仪的作用

1. 对个人的作用

（1）从个人修养的角度来看　礼仪是一个人内在修养和素质的外在表现，个人的素质往往体现为对礼仪的认知和应用。

（2）从道德的角度来看　礼仪可以被界定为人们为人处世的行为规范，或标准做法、行为准则。

（3）从交际的角度来看　礼仪可以说是人际交往中的一种艺术，也可以说是一种交际方法或技巧。

（4）从民俗的角度来看　礼仪既可以说是在人际交往中必须遵行的律己敬人的习惯形式，也可以说是在人际交往中约定俗成的相互尊重、友好的习惯做法。

（5）从传播的角度来看　礼仪可以说是一种在人际交往中相互沟通的技巧。

（6）从审美的角度来看　礼仪可以说是一种形式美，它是人的心灵美的必然外化。

2. 对企业的作用

（1）体现公司实力和企业文化　在商务场合中，礼节、礼貌都是人际关系的"润滑剂"，能够非常有效地减少人与人之间的摩擦，避免人际冲突。在商务交往中，商务人员都是各自公司的一张名片，良好的职业形象是员工维护企业形象的关键。

（2）能有效促进业务洽谈的成功　人的初次印象一般在几秒内形成，包括大约55%外表+38%自我表现+7%语言。第一印象的形成很简单，但要改变却不容易。良好的商务礼仪能营造良好的交往氛围，为企业的合作奠定良好的基础；相反，可能会给企业造成不良的影响和带来巨大的损失。

知识拓展

1. 敬老尊贤，礼仪传承

在中国传统文化中，尊敬长辈是重要的礼仪。《礼记》中记载："古之道，五十不为甸徒，颁禽隆诸长者"。就是说，五十岁以上的老人不必亲往打猎，但在分配猎物时要得到优厚的一份。古籍中对于同长者说话时的声量也作了明确的要求。如《养蒙便读》说："侍于亲长，声容易肃，勿因琐事，大声呼叱"。《弟子规》又说："低不闻，却非宜"。总之，上至君王贵族，下达庶人百姓，都要遵循一定的规矩，用各种方式表达对老者、长者的孝敬之意，这是衡量一个人是否有修养的重要标志。

每逢佳节倍思亲，许多年轻人无论多忙在春节都会选择回家与父母共度，这不仅是对传统的继承，更是对家庭情感的维护。这种看似简单的行为，实则是对"敬老尊贤"礼仪的现代演绎。

2. 礼仪之邦，交际艺术

中国素有"礼仪之邦"的美誉，现代人在交往中依然保留了许多传统礼节。比如，商务场合中的名片交换，中国人通常会用双手递接名片，这其实是传统礼仪中"双手献礼"的现代版。这种细节，不仅体现了尊重，也展现了一个人的修养。礼仪融入社会的方方面面，当其与企业的经营发展相结合时，形成了商务场合必须遵守的行为规范、语言规范、着装规范。

3. 节庆习俗，现代新貌

传统节日的庆祝方式在现代也有了新的变化。以春节为例，除了传统的拜年，现代人还流行通过社交媒体发送电子红包，这种新兴的方式不仅节省了时间，同时保留了节日的祝福和亲情的交流。满月礼表达的是对新生命诞生的喜悦与祝福，周岁礼充满了对幼儿未来的期待。在一些地区，幼儿上学发蒙之际，要举办开笔礼与启蒙礼，这是人生第一课。在开笔仪式上，幼儿学写的第一个汉字是"人"，一撇一捺支撑起一个堂堂正正的"人"，将教化的理念渗入礼仪中。

4. 茶道酒礼，现代社交

在现代，茶道和酒礼不再局限于专业场合，它们已经成为人们社交的一部分。许多人在家中设置茶室，邀请朋友品茶聊天，享受心灵的宁静。而在职场应酬中，适量饮酒、尊重他人的酒量，也是传统酒桌礼仪的现代体现。

单元二 商务礼仪的适用范围

⊃ 案例导入

李璐是某高职商学院大三的学生，下半年就要进入毕业顶岗实习、找工作就业阶段了。她知道职场人士要有职场形象和职业素养，可这方面的知识她很欠缺，于是便找到"职业形象塑造"课程的王老师请教有关职场礼仪的问题。

王老师称赞了她积极思考、主动学习的精神，并告诉她为什么要打造自己的职业形象。王老师说人与人最先开始打交道，最直接看到的就是一个人的外在形象，而一个人的外在形象可以说是一个人内在品质的外在表现，别人对你最直接的感受，就是第一眼看到的你的形象，这也是人们常说的"第一印象特别重要"的原因。

⊃ 点　拨

理论是行动的先导，要在职场上有靓丽的形象，就要认真学习商务礼仪。大学生首先要懂得什么是商务礼仪及其适用范围，具备商务礼仪的基本修养，并能够在工作及商务交往中加以运用，更好地立足于社会并笑傲职场。

一、商务礼仪的价值

1）有助于明确商务礼仪的适用对象。

2）有助于明确商务礼仪的有效范围。
3）有助于明确商务礼仪的基本内容。

二、商务礼仪的基本原则

1. 相互尊重原则

商务交往活动中，礼仪主体与对象之间应该相互尊重，彼此尊重是商务主体与商务客体沟通与合作的前提。在社交场合中尊重他人要注意以下三点：

1）给他人充分表现的机会。
2）对他人表现出最大的热情。
3）永远给对方留有余地。

2. 诚实守信原则

诚实是指待人真实不欺和说话客观公正，守信是指说话算数、言行一致。信誉是交往的基础，商务交往更应诚实守信，以获得他人信赖。

3. 对等原则

对等原则要求人们在交往中不要骄狂、不要我行我素、不要自以为是、不要厚此薄彼，更不要以貌取人或以职业、地位和权势压人。

4. 适度原则

适度原则是指商务交往中要把握与特定环境相适应的交往人之间的感情尺度。要注意言行适度，必须注意语言技巧，把握分寸，做到大方得体。交往前，首先要考虑目的何在，然后根据目的，针对不同场合、不同对象，正确地表达自己的尊重。

5. 自律原则

商务礼仪的自律原则是指在商务交往中，在没有任何监督的情况下，商务人员都能依据礼仪规范要求自我、约束自我、对照自我，自我反省、自我检讨，礼仪必须发自内心，绝不可作表面文章、敷衍了事。

6. 宽容原则

宽即宽待，容即包容。宽容是待人的一般原则，也是商务礼仪所必须遵循的基本原则。

作为商务人员，在商务交往中要保持豁达大度的品格或态度，善解人意，容忍和体谅他人，不能总以自己的标准去衡量一切，求全责备、过分苛求，要换位思考。在商务活动中，礼仪、礼节、礼貌不周之处常有，要有容纳别人过错的胸襟，不能得理不饶人、责怪对方。

知识拓展

《说苑》里有一个故事：楚庄王有一天与群臣宴饮，到天黑时大家都有些醉意了。一阵轻风吹来将烛火吹灭，就在此时，有位大臣动手去扯美人的衣服，美人随手将这位大臣的帽缨扯了下来，要求楚庄王催促人点亮烛火，看看是谁的帽缨断了。

楚庄王说："是我让他们饮酒的，醉后失礼是人之常情，怎能为显示妇人的贞洁而使臣子受辱呢？"于是命令群臣："今日饮酒，不扯断帽缨的话不尽兴。"大臣们都扯掉了帽缨，然后点亮烛火饮酒，最后尽欢而散。后来，晋国发兵攻楚，在危难时刻，楚军中有一大臣英勇非常，冲锋陷阵，打退了晋军，立下了赫赫战功。战后楚庄王惊异地问他："我平时对你并没有特别的恩惠，你为何今日如此勇敢？"那位大臣面现愧色说："我罪当死，上次宴会帽缨断了的人就是我，谢楚王不杀之恩，您的恩宠与宽容令我甘心为您肝脑涂地，今天终于找到报答的机会。"这体现了商务礼仪的宽容原则。

三、商务礼仪的实用指南

"3T"是商务人员的基本礼仪指南，具体含义如下。

1）Tact（机智）在商务活动中能起到以下作用。

① "愉快"，使人感到愉快。

② "灵敏"，察言观色、机敏。

③ "迅速"，效率高。现代商场上制胜的原则有两个：一是说话抓重点；二是行动快而敏捷。

2）Timing（时间选择），包括三个要素：时间、场合和角色。

认清自己的身份、地位，选择合适的时机恰当表现。

3）Tolerance（宽恕）：指宽恕、包容别人，这是礼仪守则中最难做到的一点。

除"3T"原则外，英国学者大卫·罗宾逊从两方面概括了从事商务活动的规则，又称黄金规则。这些规则也可以看作是商务人员必备的礼仪修养，具体表述可以用"IMPACT"来概括，其含义如下。

① Integrity（正直）指通过言行表现出诚实、可靠、值得信赖的品质。

② Manner（礼貌）指人的举止要有礼貌。

③ Personality（个性）指在商务活动中表现出来的独到之处。

例如：你可以对商务活动充满激情，但不能感情用事。你可以不谦虚，但不能不忠诚。你可以逗人发笑，但不能轻率轻浮。你可以才华横溢，但不能惹人厌烦。

④ Appearance（仪表）指人们常常下意识地对交往者以貌取人，所以要打造良好的仪表。

⑤ Consideration（善解人意）是良好的商务举止中的规则，要善于理解他人。

⑥ Tact（机智）指面对某些挑衅，要有应变能力。有疑虑时，保持沉默为上策。

单元三 礼仪意识

● 案例导入

"吾所以为此者,以先国家之急而后私仇也",蔺相如在给属下解释为何避让廉颇时说,如果两虎相斗,势必不能都活下来。我这样退让的原因,是以国家的利益为先而以个人恩怨为后!

在《史记·廉颇蔺相如列传》中,蔺相如顾全大局,心胸坦荡,廉颇负荆请罪,知过能改,最后两人言归于好,为此还产生一个成语叫刎颈之交。与他人相处,要包容,所谓宰相肚里能撑船。发现自己犯错误后,要真诚地道歉,并及时改正。

● 点 拨

以史为鉴,国家的兴亡、家庭的兴衰、事业的成败,往往在"团结"二字。重团结不仅仅是人所遵从的礼仪道德,更是人之一生行为的准绳。

一、职场礼仪的基本理念

1. 尊重为本

在商务交往中人际关系的处理是一件很复杂的工作,在处理人际关系中很重要的一点就是以尊重为本,这是商务礼仪中最基本的理念。尊重包括两个层面:一是尊重自己;二是尊重交往对象。

(1) 尊重自己 在商务交往中,商务人员要考虑自身素质和企业形象,在交往中自尊自爱。缺乏了自尊,就不可能赢得对方的尊重。自尊体现在商务人员的穿着打扮、待人接物、一举一动中。

(2) 尊重交往对象 在商务交往中,自尊、自爱是出发点,自尊是尊重别人的基础,除此之外,尊重交往对象是尊重为本的另一个层面。尊重交往对象需要对交往对象进行准确的定位,包括其职业、身份地位、受教育程度等。

在涉外交往中有三个错误不能犯,这既是自尊的表现也是尊重别人的表现。

1)不能当众修饰自己,如拽领带、理头发、剔牙等。

2)不能为对方劝酒、夹菜,在商务交往中提倡"敬酒不劝酒、请菜不夹菜",不能为对方夹菜,尤其是不能拿自己的筷子给对方夹菜。

3)吃东西不能发出声音:吃东西发出声音是非常不文雅的,因此一定要注重自己的形象。

2. 善于形式表达

商务礼仪是一种形式美,交换的内容与形式是相辅相成的,形式表达一定的内容,内容借助于形式来表现。表达要注意环境、氛围、历史文化等因素。

3. 形式规范

讲不讲规矩,是企业员工素质的体现,是企业管理是否完善的标志。例如,在商务交往中,对人的称呼要注意以下方面。

1)不能无称呼,比如,在大街上问路,上去就说"哎"。
2)不能用替代性称呼,不叫人外号。
3)不能用不适当的地方性称呼。在某一范围内用地方性称呼是可以的,但是跨地区、跨国家不能滥用。
4)不能随意与对方称兄道弟。

二、提高礼仪修养的途径

1)加强道德修养。
2)提高文化素质。
3)自觉学习礼仪知识,接受礼仪教育。
4)积极参加礼仪实践。
5)养成良好的行为习惯。

知识拓展

礼仪文明作为中国传统文化的一个重要组成部分,对中国社会历史发展有着广泛深远的影响,其内容十分丰富。下面我们一起了解各种场景下的文明礼仪用语。

头次见面用久仰,很久不见说久违。
认人不清用眼拙,向人表歉用失敬。
请人批评说指教,求人原谅用包涵。
请人帮忙说劳驾,请给方便说借光。
麻烦别人说打扰,不知适宜用冒昧。
求人解答用请问,请人指点用赐教。
赞人见解用高见,自身意见用拙见。
看望别人用拜访,宾客来到用光临。
陪伴朋友用奉陪,中途先走用失陪。
等待客人用恭候,迎接表歉用失迎。
别人离开用再见,请人不送用留步。
欢迎顾客称光顾,答人问候用托福。
问人年龄用贵庚,老人年龄用高寿。

读人文章用拜读，请人改文用斧正。
对方字画为墨宝，招待不周说怠慢。
请人收礼用笑纳，辞谢馈赠用心领。
问人姓氏用贵姓，回答询问用免贵。
表演技能用献丑，别人赞扬说过奖。
向人祝贺道恭喜，答人道贺用同喜。
请人担职用屈就，暂时充任说承乏。

实践训练

实训1　商务礼仪商测试

实训目标：通过测试，了解自己的商务礼仪商。

实训内容：

1. 学生基于个人学习工作的实际情况，完成问卷测试。
2. 请选出下列情形中能够准确反映你的做法的选项。

（1）我被邀请参加一项商务活动，总是会在三天内做出答复。

　　　A. 是　　　　B. 有时　　　C. 不是

（2）我总是在收到信息的同一天回电话。

　　　A. 是　　　　B. 有时　　　C. 不是

（3）无论在工作中还是在家中，我从不咒骂别人。

　　　A. 是　　　　B. 有时　　　C. 不是

（4）我总是在被邀请进餐后，或收到礼物后，或别人对我做出任何善意的表达之后，会回信或打电话感谢对方。

　　　A. 是　　　　B. 有时　　　C. 不是

（5）我的进餐礼节很好。

　　　A. 是　　　　B. 有时　　　C. 不是

（6）我将自己看作团体的一员，不会为了寻求上司对我个人业绩的奖励而单干独行。

　　　A. 是　　　　B. 有时　　　C. 不是

（7）我会立即处理重要的信件，而在一周内答复其余的信件。

　　　A. 是　　　　B. 有时　　　C. 不是

（8）在与来自另一种文化的人交往之前，我会花时间学习其文化中特有的礼仪，不至于由于无知而冒犯对方。

　　　A. 是　　　　B. 有时　　　C. 不是

（9）当别人的工作值得称赞时，我不会吝啬自己的口头或书面赞赏。

　　　A. 是　　　　B. 有时　　　C. 不是

（10）我会给最重视的商业伙伴送去节日问候卡或祝福短信、微信、邮件等。

　　　A. 是　　　　B. 有时　　　C. 不是

计分方法：选A即"是"得3分，选B即"有时"得2分，选C即"不是"得1分。把所得的分数相加后总分达到28~30分，则商务礼仪商为优秀；25~27分为良好；20~24分为合格；19分以下为不及格。

实训评价：填写商务礼仪商测试评价表，见表1-1。

表1-1　商务礼仪商测试评价表

日期		小组		姓名		
评价内容	评价指标	分值	自评	组评	师评	
问卷回答	问卷测试是否完整，是否真实反映个人商务礼仪行为	40				
礼仪认识	通过测试，对商务礼仪的重要性认识是否加深，能否理解并认同问卷中各项礼仪规范	30				
改进意愿	是否表示愿意根据测试结果改进自身商务礼仪行为，提出具体改进措施	30				
备注	总分100分，80分为优秀，70分为良好，60分为合格，60分以下为不合格，总分=自评（30%）+组评（30%）+师评（40%）	总分				

1. 学生在填写问卷及评价表时，应保持诚实、客观的态度。完成问卷后，首先自行计算得分，并填写在评价表的"自评"栏中。
2. 测试结果仅作为个人了解自身商务礼仪水平的参考，不应作为评价他人或自我否定的依据。小组内成员相互交换问卷及评价表，根据对方的回答及表现，在"组评"栏中给出相应分数

实训2　课堂讨论礼仪的重要性

实训目标：了解礼仪为何重要，掌握大学生学习商务礼仪的重要性。

实训内容：

1. 学生分成3~5人一组，各组用10分钟准备，讨论发言内容。
2. 每组由一名学生发言，其他学生补充。

实训评价：填写礼仪重要性讨论评价表，见表1-2。

表1-2　礼仪重要性讨论评价表

日期		小组		姓名		
评价内容	评价指标	分值	自评	组评	师评	
实施准备	准备是否充分，小组划分是否合理	10				

（续）

评价内容	评价指标	分值	自评	组评	师评
实施过程	调查方法选择是否合理，是否按时完成	10			
达成效果	素材收集是否丰富，发言准备是否充分	20			
沟通协作能力	每位学员是否展示出良好的观察力和沟通能力	20			
管理能力	每位成员是否都能积极参与，是否具备进度跟踪能力	20			
解决问题能力	对找不到的内容，能否换一种方式查找并完成	20			
备注	总分 100 分，80 分为优秀，70 分为良好，60 分为合格，60 分以下为不合格，总分 = 自评（30%）+ 组评（30%）+ 师评（40%）	总分			
教师建议内容					
个人努力方向					

▶ 模块小结

礼仪是一种道德行为规范，它对规范人们的社会行为、协调人际关系、促进人类社会发展具有积极的作用。商务礼仪也是广大商务人士修养和素质的外在体现，是商务人士在社会交往中普遍适用的一种艺术、一种交际方式、一种沟通技巧。提高礼仪修养意识，是当代大学生的当务之急。

▶ 练习与思考

一、单选题

1. 商务礼仪的首要问题是（　　）。
   A. 尊重为本　　B. 规范为本　　C. 友善为本　　D. 招待为本
2. 当所处场合及具有的身份不同时，所要应用的礼仪往往也有所不同。这是商务礼仪（　　）特征的喻义。
   A. 规范性　　B. 传承性　　C. 限定性　　D. 变迁性

二、简答题

1. 商务礼仪有哪些特征？
2. 礼仪、礼貌、礼节之间有何联系与差异？
3. 谈谈你对商务礼仪基本原则的理解。

三、案例分析

有一批应届毕业生27人，实习时被导师带到某部委实验室参观。全体学生坐在会议室里等待部长的到来，这时秘书给大家倒水，同学们表情木然地看着秘书忙活，其中一个学生还问了句："有绿茶吗？天太热了。"秘书回答说："抱歉，刚刚用完了。"林晖看着有点儿别扭，心里嘀咕："人家给你水还挑三拣四的。"轮到他时，他轻声说："谢谢，大热天的，辛苦了。"秘书抬头看了他一眼，满含着惊奇，虽然这是很普通的客气话。

门开了，部长走进来和大家打招呼，学生们无人回应。林晖左右看了看，鼓了几下掌，同学们这才稀稀落落地跟着鼓掌。

部长挥了挥手说："欢迎同学们到这里参观。平时这些事一般都是由办公室负责接待，因为我和你们导师是老同学，非常要好，所以这次我亲自给大家讲解有关情况。我看同学们好像都没有带笔记本，这样吧，王秘书，请你去拿部里印的纪念手册，送给同学们做纪念。"

接下来，更尴尬的事情发生了，学生们都坐在那里，很随意地用一只手接过部长双手递过来的手册。部长脸色越来越难看，来到林晖面前时，已经快没耐心了。此时，林晖礼貌地站起来，身体微倾，双手握住手册，恭敬地说："谢谢您！"部长听闻此言，眼前一亮，伸手拍了拍林晖的肩膀："你叫什么名字？"林晖照实作答，部长微笑点头。

两个月后，毕业分配表上，林晖的去向栏里赫然写着某部委实验室。有几位颇感不满的同学找到导师："林晖的学习成绩最多是中等，凭什么选他？"导师看了看这几张稚嫩的脸，笑道："是人家点名来要的。其实你们的机会是完全一样的，你们的成绩甚至比林晖还要好，但是除了学习之外，你们需要学的东西太多了，修养是第一课。"

问题：林晖为什么能够成功进入某部委实验室工作？

模块二
女士职业形象

➢ 模块描述

职场形象设计与礼仪对于每个人来说都是极其重要的。一个人衣着整洁、典雅，能形成良好的个人形象，也是在向他人暗示，"请相信我，我是有修养、有能力的人"，从而为自己赢得更多的好感和机遇。从这点来说，个人形象与相关礼仪的展示关系到面试成败、商业往来、职位晋升等事业与生活的方方面面。

通过本模块的学习，加深理解职业形象塑造的意义，能够自觉主动学习运用商务礼仪，通过良好的仪容、仪表、仪态塑造良好的个人及企业形象，开展多方交流与合作。

➢ 学习目标

能力目标

1. 能针对不同场合选择合适的服饰。
2. 能针对不同场合通过妆容修饰及化妆展现个人的风度形象。
3. 能掌握体态表达技能如站姿、坐姿、走姿、蹲姿等优雅标准的动作仪态。
4. 能塑造与企业形象吻合的个人职业形象。

知识目标

1. 学习仪容仪表仪态修饰的作用。
2. 掌握着装原则和通用场合的着装搭配技巧。
3. 熟悉仪容的清洁与保养方法及面部化妆的程序和技巧。
4. 熟知各种形体动作的规范礼仪。

素养目标

1. 能引发对仪容修饰的重视，了解职场人员良好个人形象的重要性。
2. 养成落落大方、符合职业要求的审美观。
3. 培养潇洒的风度、优雅的举止。

学习内容

单元一　女士仪表
单元二　女士仪容
单元三　女士仪态

建议学时　4

单元一　女士仪表

案例导入

一位女推销员在美国北部工作，一直都穿着深色套装，提着一个男性化的公文包。后来她调到阳光普照的南加州，仍然以同样的装束去推销商品，结果成绩不够理想。后来她改穿色彩淡的套装，换了女性化的皮包，使自己有亲切感。着装的这一变化，使她的业绩提高了25%。

点　拨

随着社会经济、文化的发展，如何得体、适度的穿着已成为一门大有可为的学问。就寻职或在职的女性而言，服装风格的第一个原则是不可过度打扮，尤其在工商界、金融界或学术界，打扮过于时髦的女性，人们会对其工作能力、工作作风、敬业精神、生活态度持怀疑态度。这体现了商务礼仪的适度原则。

一、女士职场着装的基本理念

1. 穿得对比穿得美更重要

1）在职场里，必须把个性和任性区分开。
2）在职场中，穿得对比穿得美或穿得自在更重要。

有的时候，根据不同的场合，面对不同的人，变化穿衣策略，能对工作产生积极的影响。甚至，穿得体面，能帮你在职场上脱颖而出，刚刚好的度是：穿得像你下一个目标职位。

2. 衣着合身为职场加分

不管你是胖是瘦，衣服一定要合身。合身的判断标准：①西服或外衣的袖子在手臂下垂的时候不能过手腕盖到手掌，正装衬衫袖子长度要比西装袖子长。当把手抬起来的时候里面的衬衫可以露出一小截。②坐下来时裤腿可以高出脚踝，露出脚踝，站起来时裤子不会长于脚面太多。③坐下来时裙子可以在膝盖上面一点，站起来在膝盖下面一点。④无论衣服、裤子还是裙子，应该宽窄适中，太紧的衣服并不妥当。

3. 重视衣橱管理

1）养成出门前"衣检"的习惯。

2）优化服装，搭配协调。

操作方法：①你的职场服装，应该占到所有衣服的80%。②衣橱里休闲的衣服和职场服装要分区摆放。③头一天晚上把第二天要穿的衣服准备好。④逐步建立适合自己的色彩体系，不要让衣橱成为色彩王国。选择白、黑、米色等基础色作为日常着装的主要色调，饰品的色彩可活泼些，有助于建立自己的着装风格。

4. 根据职场的不同调整着装自由度

穿衣由浅入深有三层境界：第一是得体；第二是美感；第三是风格。不仅在职场，任何时候着装都在表达个人品牌形象，兼具得体、美感、个人风格的着装才是最高境界。

职场女性应衣着整洁、得体、协调，不盲目追求名贵服饰，保持整洁得体，不穿吊带、短小紧透露等服装，过高过细的高跟鞋、拖鞋也请在特定的场合再穿上它们。在穿着舒适、得体的基础上展现个人魅力才是穿搭的最优解。

二、女士职场着装策略

（一）不同场合的着装策略

1. 场合一：日常工作

日常工作的衣着要简洁大方，不过于出挑，有助于融入集体。

2. 场合二：严肃场合

在严肃的场合应该选择更加专业、稳重的穿着，别人才会用专业、严肃的态度去面对你。

3. 场合三：见熟悉的客户

在这样的场合，主要是谈一些常规性的工作或话题。要尽量贴近对方公司的着装要求。如果对方是女性客户，服装颜色应该趋于保守。

4. 场合四：当天需要转换着装风格的场合

在深色西服套装里面，可以穿一件碎花衬衫或白色衬衫，再搭一条丝巾，工作场合外可以脱掉深色的西服外套转换成活泼、舒服的穿搭。

知识拓展

1. 面料挺括更显利落

如果服装面料过于软塌或厚实,就会显得臃肿肥胖,拉低整体造型的美感,选择面料稍微挺阔的材质才是最优解。硬朗一些带有一定筋骨感的服装,可以更好地修饰身材,整体看上去也更为流畅利落,把人衬托得精气神十足,又能够达到显瘦的效果。

2. 颜色尽量低调包容,适当点缀亮色增加活力

职场女性在服装颜色方面要选择稍微内敛、低调一些的颜色。可适度增加亮色,彰显优雅气质。

3. 款式剪裁知性利落,气场更强大

职场女性的服装在剪裁方面一定要更加利落干练。选择稍微厚实一些的面料,穿着起来既能够彰显身材的线条,看上去也特别有气场。

4. 配饰点缀,锦上添花

配饰的点缀能够快速增强整体造型的风格,例如,耳环、太阳镜、包、丝巾等,只要搭配得当,往往能够起到锦上添花的效果,为整体造型增添更多的魅力。

(二)和不同性格的人沟通时的着装策略

1. 主导型

和这类人开会或交流,建议穿衣风格要简单,主打黑白灰的套装,不要有过多装饰。

2. 表达型

和这类人开会或交流,要避免过于严肃正统的套装,可以用碎花或撞色的衬衫,搭配黑白灰套装,在款式上也可以新颖、别致一些。

3. 温和型

和这类人开会或交流,要穿得和对方的风格类似,不要特别张扬,也不要太古板,而是穿得有亲和力,比如,颜色柔和的开衫或毛衣,搭配直筒裙或西裤。

4. 分析型

和这类人开会或交流,可以选择条纹衬衫作为西装的搭配,朴素一些,但衣服的细节要讲究,因为他们关注细节。尽量不要穿颜色过于艳丽,或者有抽象图案的衣服,避免给对方造成你缺乏逻辑的错觉。

知识拓展

个人气质的培养不是一朝一夕的事情，首先要从训练自己坐着的时候挺直腰板开始，进而坐有坐相、站有站相。无论是站还是坐，头部都不要往前探，同时肩膀下沉。

6种职场上坚决不能穿的衣服：过分暴露的装束、网眼长筒袜、卡通T恤、豹纹、皮草、破洞牛仔裤。

三、女士职业着装的选择

（一）女士职业着装的选择要求

1. 要素少，质感好

初入职场的女性着装可以从黑白灰或莫兰迪色系入手。

2. 制造适当的冲突感

西装不一定要搭配西裤，可以内搭连衣裙，温柔又典雅，也可以配牛仔裤，休闲又自在。

3. 适当露肤

穿衬衫可以解开上面两颗扣子，露出颈部线条，袖子可卷起来，更精致干练，想要别致的话再加一点小配饰。

（二）女士职场的基础穿搭

1. 基础白衬衫搭休闲裤

整体既正式又不会太古板，再加同色系的外套和包，整体颜色统一又温柔。

2. 设计感衬衫搭牛仔裤

选择白衬衫以外带有设计感的衬衫，可以搭配同样休闲的牛仔裤和包，放松又精致。

3. 浅色针织衫搭浅色西裤

针织衫搭配同色系西裤就不会显得过于休闲，再搭配一件浅色外套和同色系包，又精致又温柔。

4. T恤搭半裙

选择基础色T恤搭配一条较正式的黑色半身裙，气质会显得优雅。

四、女士职业着装的搭配技巧

（一）女士职业服装搭配

1. 女士衬衫搭配

（1）白色衬衫　白色衬衫是职场中最常见的衣服。在材质上，可以选择具有质感和能够展现女性魅力的材质，如轻柔雪纺、蕾丝材质；还可以为白色衬衫融入更多细节，尤其是在翻领、衣袖、纽扣，以及衣摆处。

（2）黑色衬衫　黑色沉稳大气，但有点呆板，可以利用不同面料和板型来改变，如利用雪纺面料，在配饰上加入银色项链和耳环来提亮。

（3）蓝色衬衫　蓝色是冷色调中的代表颜色，能突显出面料高级质感，展现优雅时尚，深蓝色、藏蓝色、雾霾蓝能打造职业女性干练和知性感。

（4）彩色衬衫　如果想让整体效果更加活泼，可以搭配亮色调衬衫，配合宽松飘逸质感和板型，可以让整体造型具有活力，避免显得老气横秋。

2. 女士裤装搭配

（1）黑色裤子　黑色裤子可以和任何颜色的上衣搭配，如搭配深色上衣，显得沉稳大气；搭配浅色上衣，则形成鲜明对比，尽显优雅知性气质。

（2）深蓝色裤子　比起黑色裤子，深蓝色裤子显得时尚精致；可以选择暗纹图案，提升时尚感。

（3）浅色裤子　米白色、浅卡其这类浅色系裤子可以衬托出干净利落的风格。在板型上，直筒裤、阔腿裤、烟管裤都可以修饰腿型，选用垂坠面料会更显身材高挑修长。

（4）棕色裤子　棕色属于大地色系，可以采用同色系造型，也能和不同颜色上衣搭配，让整体效果显得复古而柔和。

3. 女士色彩搭配

大地色+红色、大地色+橘色、大地色+蓝色、大地色+绿色等。

◆ **课堂讨论**

请代我向你的先生问好

王媛在某公司做行政工作。一次负责接待客户李女士。李女士对王媛热情和周到的服务非常满意，临别时留下名片并认真地说："谢谢！欢迎你到我公司来作客，请代我向你的先生问好。"王媛愣住了，因为她根本没有结婚。可是，那位李女士也没有错，她之所以这么说，是因为看见王媛的左手无名指上戴有一枚戒指。

讨论：为什么李女士会对王媛说"请代我向你的先生问好"？

（二）鞋包搭配

在搭配鞋子时，不能只关注舒适度，鞋子和整体造型要风格统一。皮鞋、牛津鞋、洛克鞋应注意细节设计。在搭配包时，除了百搭的黑色和棕色包之外，也可以适当融入像玫红色、黄色、蓝色之类鲜艳颜色的包，突显出个性和魅力。

（三）饰品搭配

饰品搭配的原则如下。

1）适应场合。高档珠宝首饰，不宜在工作时佩戴。

2）适合身份。选戴首饰要与自己的性别、年龄、职业及角色相适应。
3）扬长避短。选戴首饰要考虑自身的身材、肤色、衣服款式等。
4）量少为佳。佩戴很多首饰会显得俗不可耐，饰品数量不可超过三种。
5）色质相同。若同时佩戴几件首饰，应力求色彩、质地相同，方显典雅。
6）项链通常只戴一条，不宜同时戴金项链、珍珠项链等。
7）耳环讲究成对佩戴，且不宜在一只耳朵上同时戴多只耳环。
8）手链通常只在左手上戴一条，不宜双手同时戴。
9）胸针通常别在西装左侧领上或左侧胸前。
10）可佩戴手表体现自己的品位、精致和时尚。

（四）职场女士常用的搭配单品

（1）**鲜艳的丝巾**　推荐大丝巾，长度在一米左右，在脖子上系一圈后，可以垂到胸前。戴丝巾的时候，衣服的颜色最好是黑白灰作为主题色，不要有其他鲜艳的颜色。

（2）**精致的包**　精致的包是职业装的完美配饰。一只日常的职场包，应该比较大，内部分区合理，可以装下笔记本电脑、笔，也能让你轻松地找到它们。

（3）**皮鞋**　皮鞋要前不露脚趾，后不露脚跟。注意皮鞋的风格要适合职场。

（4）**珍珠饰品**　珍珠饰品选择最简单的样式就好，不会显得过分张扬，又能提升整个人的档次和气质。一条珍珠项链，或者单粒的珍珠耳环，搭配黑色连衣裙，或者高领毛衣，能立刻显出高雅从容又专业的形象。

（5）**腕表**　日常工作场合，推荐超薄机芯的、简简单单的大三针腕表，盘面干净，没有很多复杂功能，显得人很清爽。

（6）**大衣**　对于职业着装来说，驼色、黑色、灰色、暗红色大衣，都是很好的选择。再大胆一点，也可以选择一些颜色鲜艳或设计别致的大衣来给自己增加一点个性。

（五）职场穿搭禁忌

1. 忌丢失职场严肃性

职场穿着要适合办公环境，风格奇异或夸张的穿搭都不适合职场，简洁大方、优雅和得体才能保持严肃性。

2. 忌过分随意

在职场不能像在家那么随意，家居服、拖鞋等都不适合穿到职场中。

3. 忌配饰乱用

配饰在整个服装的搭配中能起到画龙点睛的作用，职场中的配饰搭配有一个原则，那就是尽量简单。

4. 忌太紧太短

衣服过紧会让身材线条太过明显，有失庄重；衣服也不要过于宽大，会显得很邋遢，可以根据自己的体型选择得体的剪裁适度的衣服。

知识拓展

1. 穿衣风格

（1）百搭风格　百搭一般指单品，如T恤、牛仔裤等，这类实用的单件服饰通常都是比较基本的、经典的样式或颜色，可以搭配各类衣服。

（2）淑女风格　淑女风格概括来说就是自然清新、优雅宜人。蕾丝与褶边是淑女风格的两大元素。

（3）中性风格　中性服装以简约的造型满足女性在社会竞争中的自信，以简约的风格使女性享受时尚的愉悦。

（4）瑞丽风格　以甜美优雅深入人心。

（5）民族风格　主要工艺如绣花、印花、蜡染、扎染等，面料以棉和麻为主，在款式和细节上都带有民族特色。

（6）韩式风格　韩装通过特别的明暗对比来彰显品位，没有色调的堆砌。精细的做工和贴身的剪裁显得精致优雅。

（7）欧美风格　主张随意、大气、简洁，面料自然，突出简约感和设计感。

（8）嘻哈风格　比较自由，宽松又不过于松垮，只要穿得好看、简单、干净即可，鞋子可选运动鞋或休闲鞋等，保证搭配和谐。

（9）洛丽塔风格　天真可爱少女风。

（10）学院风格　常见单品如针织帽、藏青裙、条纹衫、白衬衫等。

（11）通勤风格　这是一种既适合职场，又考虑舒适度和实用性的着装风格。

（12）OL风格　OL通常指上班族女性，OL时装一般来说是指适合办公室穿着的套装。

2. 着装搭配法则

（1）不同身材的着装原则

1）梨形身材着装。梨形身材一般肩膀较窄，腰比较细，臀部和大腿比较丰满，下半身比上半身胖，像"A"字。搭配原则是强调上半身，弱化下半身。可以选择长款大衣以遮盖丰满的下半身，选择色彩明亮的上衣加深色的下装，还可以穿束腰的长裙以遮盖下半身的丰满。忌穿紧身裤、臀部有大口袋的裤子、印花图案裤子、贴身裙子、直身裙等，这些服装都在强化下半身。

2）条形身材着装。条形身材上下看起来一样宽，胸围、腰围、臀围差较小，曲线较不明显，像"H"字。搭配原则是强调塑造曲线身材。可以选择收腰款式的连衣裙、A型裙，突显腰身，制造出曲线感，可以利用腰带将腰腹收缩穿出曲线感，搭配长款大衣或长款衬衫等，还可以利用自带曲线感的喇叭裤，弥补身材上的缺陷，或者搭配条纹上衣、衬衫，松紧有致。避免穿着贴身的上衣，会把身材的缺陷显现出来，不穿一字肩、吊带、泡泡袖、廓形上衣，否则会显得肩比较宽。

3）苹果形身材着装。苹果形身材胸、腰、背都很丰满，腰围大于胸围和臀围，大量脂肪堆集于腰腹部，像"O"字。搭配原则是转移腰腹注意力。可以穿V领、低领的上衣，拉长体型，将视觉重点转移到上身，通过短裤或高跟鞋来拉高身形，平衡下半身，可以穿着有后口袋的裤子、高腰下装，平衡肥胖的腰部，使腰部看起来细些。不要穿高腰衬衣，不要佩戴宽腰带，避免穿着紧身单品，如紧身衣、紧身裤、皮裤、包臀裙等。

4）三角身材着装。三角身材上半身较宽，臀部以下较细，肩部较宽，手臂、腰部较粗，臀部窄、腿较细，像"V"字。搭配原则是弱化上身，突显下身。应选择简洁、没有过多装饰的上衣，以弱化上半身，可以选择U型领、V型领上衣。深色调的上衣与浅色调的裤子搭配，可使上身显瘦。下半身的选择比较多，A型裙、直筒裙、紧身裤、短裤等，都能够突出下半身纤细的优势。肩部较宽的女性不适合泡泡袖、垫肩、荷叶领及肩部有装饰的衣服。

5）沙漏身材着装。沙漏身材胸围跟臀围的比差较小，腰部看起来较纤细，腿部较丰满，拥有完美的身材曲线。搭配原则是突显出身材的曲线优势。裹身裙、铅笔裙、鱼尾裙、有腰身的上衣等略微贴身的衣物可以将凹凸有致的线条显出来，可以选择贴身的衣物，或者在腰部系上腰带，将腰线显现出来，铅笔裤、锥形裤、旗袍等显得身材比较纤细。

6）矮个身材着装。身高在158厘米或以下的女性，身材娇小，在视觉上腿显得不够长。搭配原则是利用内搭马甲、西装、开衫及V领单品的叠搭打造出层次感，并延长脖子线条，从而显得高挑，尽量选择短款或高腰裤子，提高自己的腰线，制造出腿长的视觉效果。尽量不穿颜色过深的衣服，不要穿臃肿的衣服，会显得比较矮。

7）溜肩身材着装。肩部向下倾斜的女性可选择带垫肩款式的服装，可以掩饰住溜肩的缺陷，借助笔挺的小西装，可以让身形比例看起来更好。

8）胖身材着装。搭配原则是营造腰线。上身穿肩部平整的衬衫或一字领毛衣，下身穿A型裙，腰间可扎一根皮带。深色有收缩感，尽量选择深色系服装。不要穿紧身裤，会把腿部的肉都勒出来；不要穿圆领上衣，否则整个人看起来非常壮硕。

（2）不同职业和场合的着装原则

1）面试穿着。最通用稳妥的着装是西装、套裙，不要穿超短裙或短裤，不要穿领口过低的衣服。不要穿长而尖的高跟鞋，中跟鞋是最佳选择，袜子不能有脱丝，饰物要少而精。

2）职场新人穿着。万能的薄西装搭配基础T恤，下身穿牛仔裤、短裙都可以；白衬衫配裙装或裤装都不错；圆领或开领的衬衫更休闲，配上精致的小饰品和一双好鞋来完成整体造型。

3）秘书穿着。白天工作可穿着正式套装，晚上如果出席酒会就须多加一些修饰，如戴上有光泽的佩饰，围一条漂亮的丝巾，换上一双高跟鞋等。

4）高管穿着。正式的套装最能体现出稳重，颜色以黑、白、灰为佳，可以内搭蝴蝶结衬衫，既干练又不失柔美，一些风格稳重、材质上乘、设计大方典雅的连衣裙也是不错的选择。

5）运动穿着。时尚裙式运动装搭运动鞋；运动POLO衫搭百褶裙；无袖西装背心搭印花运动裙；白色镂空上衣搭黑色阔腿中裤；牛仔夹克搭印花运动短裤等都可以。

（3）不同年龄段的穿搭原则

1）20岁左右。主选百搭的基础单品，如牛仔裤、T恤、白衬衫、卫衣、A型裙等，尽显青春靓丽的少女风格。

2）30岁左右。主选优雅成熟的单品，如过膝的迷笛裙、法式裙、伞裙等，配上有设计感的上衣，体现精致感。

3）40岁左右。日常以经典款为主，穿衣要大方得体，不宜选用花边、褶子、口袋过多的服装，选择高雅成熟的品牌。

4）50岁左右。日常穿搭以简约舒适为主，既不落俗气又不显老，款式上不要太过于复杂，颜色纯色最佳。

单元二　女士仪容

案例导入

林晓是某航空公司的一名资深空姐。清晨的第一缕阳光刚刚洒在城市的角落，她便已经起床开始了一天的忙碌。对着镜子，精心整理自己的妆容，盘起乌黑的长发，确保每一根发丝都整齐有序。穿上整洁笔挺的粉红色衬衫，搭配紫色条纹裙，肉色丝袜、彩色丝巾犹如一朵绽放的花朵，为她增添了一抹亮丽的色彩。她看着镜中的自己，眼神中充满了自信和坚定。

点　拨

仪容是职业女士形象的重要组成部分，相对于"腹有诗书气自华"的内在气质，外在气质形象的显现要容易得多，得体的仪容可以成为良好职业形象的加分项，也是获得客户认可的第一步。

一、女士仪容必知

（一）仪容及仪容美

1. 仪容的定义

仪容指人的外观、外貌，主要表现为容貌，由发式、面容及所有未被服饰遮掩而暴露在外的肌肤构成。

2. 仪容美的内容

（1）仪容自然美　仪容自然美是指仪容的先天条件好，保持干净自然状态。

（2）仪容修饰美　仪容修饰美是指依照规范与个人条件，对仪容进行必要的修饰，扬其长，避其短，设计、塑造出美好的个人形象。

（3）仪容内在美　仪容内在美是指通过努力学习，不断提高文化、艺术素养和思想、道德水准，培养出高雅的气质，使自己秀外慧中。

仪容自然美是人们的心愿，仪容修饰美是仪容礼仪关注的重点，仪容内在美是最高的境界。真正意义上的仪容美，应当是上述三个方面的高度统一，忽略其中任何一个方面，都会使仪容美失之于偏颇。

（二）仪容的修饰

1. 仪容修饰的要求

仪容修饰主要要求整洁干净，给人以健康、自然、和谐、富有个性的深刻印象。

2. 仪容修饰的内容

仪容修饰基本要素是貌美、发美、肌肤美，在仪容的修饰方面要注意五点事项。

1）仪容要干净。要勤洗澡、勤洗脸，脖颈、手都应干干净净，并注意去除眼角、口角及鼻孔的分泌物，还要勤换衣服，消除身体异味。

2）仪容应当整洁。整洁，即整齐洁净、清爽。要使仪容整洁，重在持之以恒。

3）应当注意卫生。讲究卫生，是公民的义务，更是职场人士所必需的。注意口腔卫生，早晚刷牙，饭后漱口，不能当众嚼口香糖；指甲要常剪，头发按时打理，不得蓬头垢面，体味熏人。

4）仪容应当简约。仪容既要修饰，又忌讳过于繁复，简练、朴素最好。

5）仪容应当端庄。强调的是仪容的端庄、得体、落落大方。

二、仪容美的打造

（一）养成良好的卫生习惯

清洁卫生是仪容礼仪的基本要求，是仪容美的关键，每个人都应该养成良好的卫生习惯。

（1）睡前、起床后勤洗漱　刷牙和洗漱是每天必须做的，方可保持干净整洁。

（2）日常生活勤沐浴　勤洗澡有使毛囊及皮肤保持清洁、加快血液循环、促进新陈代谢等作用。保持洁净是一个人自尊自爱的体现，更是尊重他人的表现。

（3）饭前便后勤洗手　饭前便后手上都会沾染很多细菌，病毒的主要接触和传播的核心载体就是手，做好手的卫生，可以很大概率切断病毒接触传播的途径，可以有效预防疾病。

（4）发型规范勤更衣　皮肤分泌的汗液、皮肤脱屑会污染身上的衣物，所以要经常更换衣服，保持清洁。

> **知识拓展**
>
> 皮肤保养小窍门
>
> 　　要想皮肤好，要注意这几点：①心情舒畅，情绪乐观；②睡眠充足，早睡早起；③多喝热水；④常常梳头；⑤合理饮食；⑥注意防晒。

（二）化妆礼仪

职场女性着淡妆是一项基本职业素养要求，也是对客户的礼貌与尊重。

1. 职业妆容的总体要求

1）职场女性不宜化过于浓艳的妆，要与自己的职业形象相吻合。以职业淡妆为宜，力求体现出自然、透明的效果，色彩自然淡雅，不要浓妆艳抹；化妆或补妆时，应到化妆间或盥洗室进行；不要当众化妆。

2）妆容要注意时间、地点、场合。要区分白天与晚上、一般场合和特殊场合、不同季节等。

3）不同年龄采用不同的化妆技巧。在参加正式的会议或宴会、晚会等场合，年轻女士应化淡妆；年龄较大的女士，化妆也不可过于浓艳。

4）要根据自己的职业特点、服装风格和肤色特征，来选择适合自己的妆容。

5）选择合适的化妆品。要根据自己皮肤的类型选择质地细腻、颜色适中的化妆品。

2. 不同场合的化妆要求

（1）职业妆（见图2-1）　要求雅致、大方、自然，充分体现出富有朝气和良好的精神面貌，做到淡而高雅，职业妆的要点如下：

1）干净自然的妆面。妆容整体的质感往往是由底妆决定的，干净的底妆会给你的第一印象加分不少，所以一个适合职场的底妆既不能使面部露出过多瑕疵，也不要过于厚重。

2）看上去有活力。带有橘色调的口红，可以提亮肤色，充满活力和元气。要选择饱和度低一些的橘色调，红色调多一些。搭配柔雾感底妆会更显温柔气质。

图2-1　职业妆

3）打造自然深邃的眼眉。眉妆打造柔雾毛绒风格，可以产生亲和感。眉头处一定要淡入，向眉尾由浅入深的晕染。眼妆可以靠上眼线勾勒轮廓，下眼线可采用"眼睑下至"

的眼影画法，在下眼睑靠外眼角的位置打上大地色或暗橘色眼影，与上眼影在眼尾延伸处相接，可以从视觉上拉长和扩大双眼，也显得更加深邃迷人。

（2）生活社交妆　要求充分展现自己的个性与魅力，格调高雅。生活社交妆分类如下。

1）生活职业妆。注重人物的内在修养和性格特征，表现人物的高雅品位和风格魅力，表现职场女性整洁干练和端庄稳重的形象。

2）生活休闲妆。主要表现轻松、自然、舒适的休闲状态。

3）生活时尚妆。在传统元素中加入流行和时尚元素，更加突出与众不同的个性气质。

4）裸妆。这是最贴近生活的妆容，就像人们常说的"化了跟没化一样"，看似简单却最难表现。

（3）晚妆　可以选择色彩比较浓艳的风格，给人以明艳之感。

晚妆适用于夜晚的社交场合，有较强的灯光相配合，突显华丽鲜明，妆色要与服饰、发型及晚宴的主题协调一致。

常用的晚妆色彩：深咖啡色、灰色、蓝灰色、蓝色、紫色、橙黄色、橙红色、夕阳红色、玫瑰红色、珊瑚红色、明黄色、鹅黄色、银白色、粉白色等。

3. 面部化妆的一般程序

（1）洁面　用温水及洗面奶彻底洗去脸上的油脂、汗水、灰尘等污垢，以使面部光洁。

（2）扑化妆水　根据皮肤的类型，选用不同的化妆水轻拍在前额、面颊、鼻梁、下巴等处，将其涂抹均匀。

（3）擦护肤霜　使用适量的护肤霜，可以保护皮肤少受化妆品的刺激，并使粉底容易涂抹。

（4）底妆　底妆是为了提亮肤色，通常用粉底霜，颜色不用太白，选择比自己的肤色亮一个色号的颜色即可。

可以选择两种以上适合自己皮肤的粉底霜，按面部不同的区域，分别涂上深浅不同的粉底，以期得到立体感的妆面。

薄施定妆粉，以加固粉底。使用时用粉扑蘸粉饼或散粉，扑到脸上，然后再用软刷把多余的粉刷掉，消除不均匀的粉，固定妆面。

（5）眉妆（见图2-2）　一眉定乾坤，眉毛的形状会对妆容的风格起决定性作用。如果想要表达亲和，选弯眉形。眉毛的颜色通常与头发同色系，前段最浅，中间最深，尾段次之。

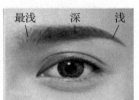

图2-2　眉妆

（6）眼妆（见图2-3）　涂眼影的重点是上眼睑，从睑缘到眉毛下缘，着色由深到浅，并巧施亮色加强眼睛的立体感；画眼线时先沿睫毛根部画出一条细线，尽可能贴近睫毛；再夹睫毛、涂睫毛膏。

（7）腮红　浅浅的腮红可提升整体的精气神，腮红的涂抹位置根据脸型的不同略有不同（见图2-4）。涂完腮红后再补上一层半透明的定妆粉。

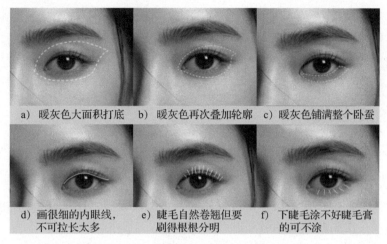

a) 暖灰色大面积打底　　b) 暖灰色再次叠加轮廓　　c) 暖灰色铺满整个卧蚕

d) 画很细的内眼线，不可拉长太多　　e) 睫毛自然卷翘但要刷得根根分明　　f) 下睫毛涂不好睫毛膏的可不涂

图 2-3　眼妆

鹅蛋脸　　长形脸　　圆形脸　　方形脸　　正三角形脸　　倒三角形脸　　菱形脸

图 2-4　不同脸型腮红的涂抹位置

（8）唇妆　口红的颜色既要显得精神又要柔和，多用浅粉、浅橘等比较柔和的颜色，或者直接用变色唇膏。先用唇线笔画出理想的唇形，然后填入唇膏。

（9）卸妆　卸妆的必要性：彻底清洁皮肤，以便达到保护皮肤的目的。

卸妆的步骤：①卸眼部；②卸唇部；③卸脸上其他部位。

知识拓展

妆面颜色搭配方法

（1）妆色显得朴素、热情、富有活力

眼影色：深咖啡色＋橙红色＋明黄色。

腮红色：橙红色。

唇色：橙红色。

（2）妆色显得典雅脱俗

眼影色：蓝灰色＋紫色＋银色。

腮红色：中正紫。

唇色：正紫。

（3）妆色显得喜庆而华丽

眼影色：深咖色＋橙红色＋米白色。

腮红色：橙红色。

唇色：橙色。

三、仪容的其他要求

（一）头发要求

1. 洁发第一位

头发一定要清洁。一般来说，干性发质的人可三四天洗一次头发，油性和中性发质的人，要一两天洗一次头发。

洗发前应先将头发梳顺，水温在37~38℃最适宜，过烫的水容易使头发受损而变得松脆易折断；而水温过低，去油的效果又不好。洗发水应选择适合自己发质的，将洗发水揉搓至起泡后再涂在头发上，不要直接倒在头发上，不要大力用指甲抓头皮，用手指的指腹按摩头皮。要确保彻底冲洗干净洗发水，不然会伤发质。洗发后冲水花的时间应是洗发的两倍，否则洗发水中的碱性成分残留在头皮和头发上，会损伤头发并产生分叉、头皮屑等。若每天吹头发或头发很厚很粗时用护发素。

知识拓展

头发的护理，应按发质的不同分别进行。可参考以下方法。

1）干性发质。除了遗传因素，干枯的头发是长时间缺乏护理和洗发水残留的结果。当然，精神压力、内分泌的变化及饮食的平衡与否等，也会对发质产生或多或少的影响。可选用配方温和的完全不含或只含少量洗涤剂但却能有效补充水分的洗发水。洗发不要过于频繁，不要忘记使用护发素。为防止发丝内的水分流失，应尽量避免使用电吹风。饮食方面，多吃新鲜果蔬无疑对身体大有好处，身体健康，头发有足够的养分可摄取，自然柔亮美丽。

2）油性发质。皮脂腺分泌过多的油脂，是形成油性发质的根本原因。要改善这种情况，要用性质温和的洗发水，并经常清洗头发。强力去油的洗发水不但对头发无益，反会令油脂分泌更加旺盛。由于头皮已能分泌足够的油脂，护发素只要涂在发梢即可。

3）纤细发质。头发如果过于纤细柔软，应该选用能丰盈头发的洗发水，使头发充盈起来，美发造型时，最好使用能营造丰厚发感的喷雾产品。

2. 脸型与发型要匹配

选择发型要扬长避短，应与脸型匹配。

（1）长脸型　要善于利用刘海，头顶的头发不能高，以免增加脸的长度。

（2）圆脸型　头顶的头发可以高些，在视觉上能增加脸的长度。

（3）正三角脸型　要尽量用头发盖住脸下端的部分。

（4）方脸型　头发不要剪得太短，也不要采用太平直或中分的发型，这样会使脸显得更方。

3. 烫染要慎重

工作场合不烫夸张、另类发式；即使染发，也不染过于艳丽的颜色，可以染成和黑色接近的颜色，如棕色、栗色等。如果一定要染发，必须注意染发剂的质量，一定要选择正规厂商生产的质量好的染发剂，否则，对身体造成不良影响就得不偿失了。

4. 发型要适宜

发型要符合自己的年龄、职业及所处场合。不可过于奇特。

> **小贴士**
>
> 不留长指甲，不涂染装饰指甲，有利于保持手部清洁。不文身、不使用文身贴纸是职场需遵守的规则。

5. 职场发型要规范

工作场合最规范的发型是盘发、短发、束发、齐肩发。接待岗位不宜散发披肩。无论是哪种发型，刘海都不要遮挡眼睛，还要确保不要因为发型而在工作时经常用手拢头发。

工作场合采用盘发或束发时，发饰要选择与头发颜色相协调的颜色，款式简单、大方。像发箍、卡通发饰都不宜在工作场合使用。

（二）其他要求

1. 口腔

1）口气要清新。平日里应饭前饭后勤刷牙、多漱口、保持口腔清洁，以免有口臭，尤其吃了辣、腥味食物后，更应清洗口腔。可采用口香糖或茶叶末去除口腔异味。

2）不吃刺激性食物。为防口腔有异味，工作日最好不吃生葱、生蒜一类带刺激性气味的食物。

3）每日早晨，空腹饮一杯淡盐水，平时多以淡盐水漱口，能有效控制口腔异味。为了护牙，尽量少抽烟，不喝浓茶。如果长期吸烟和喝浓茶，牙齿表面会出现一层"烟渍"和"茶锈"，牙齿变得又黑又黄。

2. 手

在交往活动中，人与人之间经常握手。即使不握手，手也是仪容的重要部位。手保持清洁无污垢，是交往时的基本要求。

3. 指甲

指甲要清洁，指甲缝中不能留有污垢。

要经常修剪指甲，指甲的长度不应超过指尖太多。长指甲不仅不利健康，交际中也容易伤到他人。

修指甲时，指甲沟附近的"爆皮"要同时剪去，不能啃指甲。

在任何公众场所修剪指甲，都是不文明、不雅观的。

单元三　女士仪态

⊙ 案例导入

某公司高管周女士即使身处逆境，每次出现在公众面前依然保持着精致和优雅。行走途中步伐从容，体态挺拔，镇定自若、气定神闲。且不忘和媒体朋友打招呼，面带微笑，得体、自信，尽显大家风范。

⊙ 点　拨

大家欣赏的那些充满力量的独立女性，良好的仪态背后是她们的自信和能力。

一、女士仪态必知

1. 仪态

仪态是人在社会交际行为中的姿势、表情等。我们往往可以凭借一个人的仪态来判断对方的品格、学识、能力和其他方面的修养。

良好的仪态是一种规范、一种修养、一种风度，具有更深层次的美。仪态让内在与外在之美和谐统一。

2. 肢体语言

职场女性肢体语言应当注意以下几个原则。

1）隐蔽原则。女性穿裙装最能体现其优雅气质，但穿裙装时需注意动作幅度。比如，着短裙呈坐姿时，应当注意将两腿并拢略微侧坐，或者将腿交叠，两条腿的膝盖、小腿与脚跟要并拢。

2）优雅原则。职场女性要端庄就必须注意肢体动作的优雅。比如，呈站姿时，要注意两脚脚跟并拢、脚尖呈25度分开，抬头挺胸适度，也可以考虑"丁"字步站立，重心放在后一条腿。"丁"字步站立时，上身依然需挺直，不能随意晃动或靠在桌旁。又如在上楼梯时，要两腿向正前方行进，行走间两膝盖略微摩擦，同时用文件袋或提包将裙摆压住，从而降低动作幅度，体现优雅气质。演说时可以有一些手势辅助意思表达，但不能动作过大，也不能将手抱在胸前或插在口袋里。

3）尊重下属原则。职场女性切忌用手指着下属讲话，当要求下属回答问题时，应当将手心朝上做出请的姿势；当下属回答问题时，不要随意打断，应当给他们足够时间发表意见。另外对下属注视的方式更能表现出尊重，比如，当与下属面对面站立交谈时，距离应当在0.5~1米，平视其眼睛。如果要注视他们，则时间控制在5秒左右；如果两人距离2~3米，则不能注视眼睛，而是注视"小三角"部分，即两眼到下巴之间的部分，这样不会使人觉得尴尬，距离再远时，可只注视两肩到头顶之间。不同距离采用不同注视方式，符合交往中人们的心理反应规律。

二、仪态礼仪

（一）不良仪态

在日常生活中若行为姿势长期不正确，容易形成体态不好、驼背、头前伸等不良体形。

1. 不良坐姿

弓背伸头、长期跷二郎腿、"窝"在沙发里等不良坐姿，对人体的颈椎、肩膀、椎间盘有很大的危害，可能会导致严重的腰背颈椎疼痛、肌肉劳损、脊柱侧弯、腰椎间盘突出等问题。

2. 不良站姿

歪向一边站会影响脊柱，这种站姿会造成腰椎两侧受力不匀，导致腰背疼痛。

3. 低头含胸走路

很多人走路时只顾低头看路，这种方式最容易带来疲劳感，还影响心肺。

4. 低头玩手机

低头玩手机导致颈椎承受更重的头部重量，会导致肩颈肌肉酸痛、腰酸背痛、颈椎病等。

5. 体态不正的危害

体态不正会造成扣肩驼背、斜肩、探颈、富贵包、骨盆不正等问题。

（二）仪态礼仪训练

1. 站姿礼仪

挺胸、抬头、收腹，目视前方，双臂自然下垂，或者交叠着放在小腹部，左手在下，右手在上，形成一种端正、挺拔、优美、典雅的美。基本站姿训练如下。

1）抬头，颈挺直，双目向前平视，下颌微收，嘴唇微闭，面带笑容，动作平和自然。

2）双肩放松，气向下压，身体有向上的感觉，自然呼吸。

3）躯干挺直，直立站好，身体重心应在两腿中间，防止重心偏移，做到挺胸、收腹、立腰。

4）双臂放松，自然下垂于体侧，手指自然弯曲。

5）双腿立直，保持身体正直，膝盖和脚后跟要靠紧。

2．坐姿礼仪

女士坐着时膝盖一定要并拢，脚可以放中间，也可以放在侧边；跷腿时，要注意收紧上面的腿，脚尖下压，决不能以脚尖指向别人；不要抖腿。坐姿训练如下。

1）标准式。抬头收额，挺胸收肩，两臂自然弯曲，两手交叉叠放在左腿偏左（右腿偏右），并靠近小腹的位置，两膝并拢，小腿垂直于地面，两脚尖朝正前方。

2）曲直式。一脚前伸，另一小腿屈回后前脚掌着地，并在一条直线上。

3）斜放式。双腿向同一侧倾斜，脚面绷直，脚尖着地。脚面绷直更显腿长。

3．走姿礼仪

和站立的姿势要点相同，走路时要平视、挺胸、收腹、肩放松。走姿训练如下。

1）两眼平视前方，步履轻捷不要拖拉；两臂在身体两侧自然摆动，有节奏感。

2）身体应当保持正直，不要过分摇摆。为了更好地保持平衡，可在头上放一本书行走、不要让它掉下来，这个训练可以让背脊、脖子竖直，保证行走时上半身平衡不摇晃。

3）行走时，膝盖的内侧和脚踝骨的内侧会略有摩擦感，如果没有就说明你可能走路姿势是内八字或外八字。

4）手的摆动带动整个上身，让脚步平衡，跨出右脚时，整个上身随左手前摆而向右边的方向转动；跨出左脚时，上身便转向左边，右手摆向前方，这些动作连贯起来让人觉得自然随意。如果上身不动，看起来会很僵硬，失去美感。

5）穿高跟鞋走路时，脚底板平一点伸出去，脚尖先着地，就像跳芭蕾舞的姿态，会让脚步轻盈又优雅。

4．蹲姿礼仪

拾物训练如下。

1）蹲下拾物时，左脚在前右脚靠后。左脚完全着地时右脚脚跟提起，右膝低于左膝，右腿左侧靠于左腿右侧，形成左膝高、右膝低的姿势。

2）微倾前身，靠左腿支撑身体，并紧双腿一脚前，一脚后。

3）用侧面对着人较多的一边。双腿和膝盖并在一起，一只手轻挡在胸前防止走光，另一只手拾起物品。

4）忌弯腰、翘臀或两脚平蹲。

5．谈话礼仪

谈话的姿势往往反映出一个人的性格、修养和文明素质。交谈时，首先双方要互相正视、认真倾听，不能东张西望、看书看报、面带倦容、哈欠连天，否则会给人心不在焉、傲慢无理等不礼貌的印象。

6. 递送物品礼仪

（1）递送要求　递送有点危险的物品如剪刀、刀子等，要遵循两个原则：①双手接送；②危险的地方朝向自己，如递剪刀时，要把剪刀尖冲着自己，把安全的一端对着对方。

（2）递送训练　递出时上身微倾；面带微笑，注视对方；接物时微笑致谢。

7. 微笑礼仪

（1）微笑要求　微笑要注意场合、对象。在严肃场合或别人做错事、遭受打击时，就不宜笑。

微笑要得体、真诚。微笑应发自内心，做到表里如一，让笑容与口眼结合，与神情、气质结合，与语言结合，与仪表、举止结合。

微笑要适度。微笑虽然在人际交往中是最具有吸引力、最有价值的面部表情，但不能随心所欲，不要笑得太夸张，表情幅度要控制好。

（2）微笑训练　首先放松自己的面部肌肉，然后使自己的嘴角微微向上翘起，让嘴唇略呈弧形。这样呈现出来的就是微笑的表情。依照微笑的幅度大致可分为一度、二度、三度微笑。

一度微笑，嘴角自然上扬，显示出自然温和的感觉。

二度微笑，嘴角明显上扬，显示出亲切关注的感觉。

三度微笑：嘴角大幅上扬，露出6~8颗牙齿，显示出热情积极的感觉。

职业女性在日常工作中保持一度微笑比较合适，在与领导或客户交谈时应流露出二度微笑。同时，眉头自然舒展，眼神友善真诚。

8. 眼神礼仪

专注的目光会让对方感到被尊重。

（1）眼神要求　交际中，经常用目光进行必要的信息、情感交流，目光运用是否得当，会直接影响沟通的效果。

眼神向上——让人感到仰视，高傲、轻视。

眼神向下——让人感到俯视，鄙视、不屑一顾。

眼神平视——让人感到友好、温和、亲和。

（2）眼神训练　注视的时间往往占整个交往过程的2/3。

注视的角度：平视、侧视。

注视的方式：认真、专注。

注视的部位范围：商务关系，可看眉毛到额头的小正三角范围；普通社交关系，可看眉毛到下唇心的倒三角范围。

知识拓展

安全空间

从心理学上讲，每个人的周围存在着个人空间，每个人对个人空间都非常敏感。一旦被冲破，我们会不自在或有不安全感。这就是安全空间。

1）亲密空间：指交际双方保持约半米的距离，一般限于夫妻、情侣、家人。

2）一般空间：指交际双方保持0.5~1米的距离，一般是朋友、熟人相处的得体距离。

3）社交空间：指平时社交、谈判场合中，交际双方保持1~3米的距离，一般是泛泛之交或工作关系。

一般来说，欧美人的安全距离要比亚洲人的适当大一些。到底需要保持多远的安全距离，还要在实际交往过程中灵活掌握。

实践训练

职场仪态训练

实训目标：掌握正确的站姿、微笑技巧，提升个人职业形象。

实训内容：学生分成3~5人一组，结合课堂讲授的仪态礼仪，做职场仪态训练。各小组同学互相比较，检查各项训练是否准确、到位。实训模拟结束后，小组之间互评，小组内自评，交流心得及改进方案。

实训评价：填写职场仪态训练评价表，见表2-1。

表2-1 职场仪态训练评价表

日期		小组		姓名	
评价内容	评价指标	分值	自评	组评	师评
实施准备	准备是否充分，小组划分是否合理	20			
实施过程	各项训练是否准确、到位	20			
沟通协作能力	每位学员是否展示出良好的观察力和沟通能力	20			
团队合作能力	每位成员是否都能积极参与	20			
实训总结	对本次实训活动的总结与反思，形成改进方案	20			
备注	总分100分，80分为优秀，70分为良好，60分为合格，60分以下为不合格，总分=自评（30%）+组评（30%）+师评（40%）	总分			

（续）

评价内容	评价指标	分值	自评	组评	师评
教师建议内容					
个人努力方向					

模块小结

个人礼仪最基本的要求是仪容仪表干净、整洁，包括面容、头发、脖颈与耳朵、手、服饰等方面的整洁。身在职场，一个人的形象尤为重要。你的装扮里藏着你的审美和生活态度。若衣着整洁、行为优雅，具有良好的个人形象，那么会给他人留下良好的印象，增加对你的信任感，从而赢得更多机遇。

"小节之处见精神，体态礼仪见文化"，在职场中，举手投足皆文章，仪表端庄、举止有度彰显的是内涵和修养，有助于事业的成功。优雅的仪态是女人最美的衣裳，只要穿上它，再普通的女人也会神采奕奕。一个专注眼神、一句优雅话语、一个大方动作、一抹自然微笑，都会给你加分。想要全面塑造个人形象，我们不仅仅要注重个人仪容仪表修饰，养成良好的仪态习惯，还要加强谈吐、举止、修养、礼节等各方面的素养，全面提升内在素质，只有内在美和外在美达到和谐统一，才能在职场上成为受欢迎的人。

练习与思考

一、单选题

1. 从事服务行业的女性不能留披肩发，其头发最长不应长于（　　）。
   A. 耳部　　　　B. 颈部　　　　C. 腰部　　　　D. 肩部
2. 女性出席重要场合，饰品颜色应该一致的是（　　）。
   A. 包与皮鞋　　　　　　　　B. 皮鞋与皮带
   C. 包与帽子　　　　　　　　D. 以上都不对
3. 练习站姿的要领是（　　）。
   A. 挺胸、抬头、收腹　　　　B. 平、直、高
   C. 头正肩平，面带微笑　　　D. 双腿站正站直，目视前方
4. 下面错误的说法是（　　）。
   A. 掌心向上表示谦恭尊敬，掌心向下表示训斥
   B. 不在女性面前夸奖其他女性是礼貌的行为

C. 女性佩戴首饰要符合身份，以少为佳
D. 高档场合女性看头，男性看腰

二、简答题
1. 简述职业女性面部化妆的一般程序。
2. 职业人士为什么要掌握规范的仪态动作？

三、案例分析
王老师是个刚从大学毕业不久的幼儿园老师，在刚开始和幼儿相处时，她特别爱笑，幼儿的可爱行为或是犯错误行为都能惹得她笑起来，幼儿也很喜欢她，好多幼儿黏在她身边，但不久后她发现，她让幼儿改正一些问题时，幼儿不听她的。如她看到幼儿看完书或玩完积木后不放回原处，她要求幼儿快点放回去，幼儿置之不理。但是，幼儿对主班老师的话却言听计从。在询问了一些老师后，王老师得出一个结论是：不能老对幼儿笑，也不能和他们太亲近，这样才有威信，幼儿才能听话。于是，王老师开始板着脸，也不拥抱幼儿了。

问题：案例中王老师的做法对吗，为什么？

模块三
男士职业形象

模块描述

当我们与他人打交道时,往往会快速地通过其外在形象形成整体印象。不同的容貌、服装、言谈、举止,都会给人带来不一样的认知感受。商务活动中,我们应该重视对自身内外形象的塑造和优化,这一意识与行为将明显有助于改善人际关系、提升工作业绩。

通过本模块的学习,掌握男士职业形象的仪容、仪表、仪态相关要求,结合自身条件,主动将理论所学运用到实践中,不断优化自身商务形象,塑造良好的外在形象,展示良好的个人魅力。

学习目标

能力目标

1. 能客观做好职业形象自检。
2. 能结合自身实际优化职业形象。
3. 能在不同场合下调整相应的职业形象。

知识目标

1. 领会良好职业形象塑造的意义。
2. 了解职业形象塑造的方法和注意事项。
3. 掌握在不同场合下职业形象塑造的要点。

素养目标

1. 塑造提升职业形象的观念。
2. 培养灵活应变、因时制宜的形象塑造意识。

学习内容

单元一　男士仪容
单元二　男士仪表
单元三　男士仪态

建议学时　4

单元一　男士仪容

⇒ 案例导入

小张的口头表达能力不错，对公司产品的介绍也得体，人既朴实又勤快，在业务人员中学历又最高，老总对他抱有很大期望。可小张做销售代表半年多了，业绩总上不去。问题出在哪儿呢？

后来经过仔细观察才知道，他是个不修边幅的人，双手拇指和食指留着长指甲，里面经常藏着很多"黑东西"。脖子上的白衣领经常是酱黑色，有时候手上还记着电话号码。他还喜欢吃刺激性的食物，有时甚至在见重要客户之前，都要吃上一口大饼卷大葱。

⇒ 点　拨

仪容给人的印象，往往具有首因效应，需要特别重视。一个人不修边幅、异味熏人的形象，往往是不受人待见的。

一、发型要求

良好的职业形象需要有得体的发型，它既要整洁漂亮，又不可过于前卫。要得到最佳效果，就必须考虑自己的脸型、个性、发质，工作性质及接触对象。去理发时应当清楚告诉理发师你的身份和职业，给理发师提供更多的参考。无论如何，发型要得体、协调统一，不剃光头，不留长鬓角，不染发。男士发型符合前不过额、侧不及耳、后不及领的原则；可用发蜡、发胶等打理头发，以保持干净整洁的精神面貌。以下是商务场合常用的几种发型。

（1）寸头　发质较硬或适中、头发密度适中或较厚的男士适合理寸头，寸头看起来干净利落，有精神，适合职场人士、公务员、律师、教师、医生等，可分为板寸、毛寸、圆寸，适合搭配西服。寸头对头型要求较高，适合搭配鹅蛋形脸、正方形脸的男士。

（2）分头 常见的分头有四六分、三七分、二八分等。适合头发较厚、发质软硬适中的男士，这款发型有成熟气质，适合三十岁以上从事行政或脑力劳动的人群，如教师、公务员等，适合长脸或稍尖的脸型的男士。

（3）背头 这种发型是把前额头发往后梳，要求发质比较松软，适合年纪比较大的成熟稳重的有一定社会阅历和地位的男士，如领导干部、主持人、播音员等，具有复古风格和职业气息，适合圆脸型男士。

（4）烫发 烫发要求发质不能偏硬，头发数量不能太少。额前半圆形定位烫或韩式平刘海的纹理烫，给人新潮、温暖、斯文的感觉，适合青春、活泼的人群，如刚入职场的年轻人、文艺工作者、自由职业者等，适合倒三角脸型、钻石脸型的男士。

二、面部及口腔卫生

职业男性虽不必像女性一样精心化妆，但整洁干净还是至关重要的。在工作场合，得到"有风度、举止得体"的赞许时，男性通常会更自信，从而促使其将工作干得更出色。实际上，修饰自己并不需要占用很多时间，但却能由此获得不少"收益"。因此，职业男性恰当的必要的修饰，不仅是为自己的职业形象负责，也是交往过程中对他人的一种尊重。

男性应当重点关注个人的面部卫生，如眼角、耳蜗、耳后、鼻孔、脖子等细节的卫生情况，洗脸时不要漏掉这些地方；要保持口气的清新，及时清除残留在口腔里的食物残渣，以免产生口腔异味。每天早晚应刷牙，三餐饭后应及时漱口，可以有效防止细菌在口腔内繁殖。工作时间应该避免食用葱蒜等刺激性食物；吸烟也会带来严重口气问题，职业男性应该尽量避免抽烟。

如果鼻毛太长并伸出鼻孔，应当及时用专用剪刀修剪。还应随时关注鼻腔内的鼻毛上是否有异物。如果患有鼻炎、鼻窦炎，或者感冒时流鼻涕，应当及时清洗，勿用手抠。

三、皮肤清洁

职业男性在日常工作中还要注意保持面部皮肤的干净整洁。很多男士平时因为没使用正确的护肤方法，导致面部产生诸如粉刺、痤疮等问题。

男性皮肤的表皮层要比女性的皮肤表皮层厚30%~40%，皮脂分泌量也比女性高40%~70%，所以多数男性的皮肤都会呈现较为油腻的状态。如果对面部皮肤保养不太上心，常常会出现不卫生、不清爽的问题，因此男士的皮肤保养与女士一样不容忽视。当然，每个人的皮肤特质是不一样的，有油性、中性、干性之分，保养的方法也不尽相同，这里介绍一个比较简便的让男士快速判断自己皮肤类型的方法：早晨起来以后用纸巾擦拭额头、鼻侧和鼻头，如果纸巾上面很油，说明是油性皮肤；如果纸巾变化不大，则为干性皮肤；如果纸巾上的油是星星点点的，说明是中性皮肤。

男士应当针对自身的特点，使用男性专用的护肤品。男士日常的面部修饰操作方法主要由以下三个步骤组成。

（1）清洁　每天早晚都应当使用适合自己肤质的洁面用品来清洁皮肤。干性、中性皮肤应当使用性质比较温和的洁面用品。洗脸时先挤出适量的洁面用品，用掌心分别涂于两边面颊，轻轻打圈按摩整个面部，油性皮肤的男士还要重点清洁额头、鼻子和下巴等区域的皮肤，然后用温水将皮肤冲洗干净，再用毛巾将脸轻轻擦干。

（2）修面　男士应当注意修面剃须。修面要选择合适的剃须工具，剃须工具有两大类：一类是电动剃须刀，还有一类是刀片剃刀。

（3）润肤　洁面之后，男士应使用适合自己肤质的润肤品。干性和中性皮肤的男士可选用能深层滋润皮肤、含有修复成分的润肤品；油性皮肤的男士应选用清爽保湿、不油腻的润肤品。涂抹润肤品时，先从面颊开始往外涂抹，然后再涂抹面部的其他区域，动作要轻柔，不要太用力。

单元二　男士仪表

案例导入

小李大学毕业去一家外资企业应聘，精心挑选了一套西服和公文包。面试当天，面试官对小李的各项表现均很满意，但唯独对他的衣着打扮颇有几分微词。原来，小李在穿西服时，并未将袖口的商标取掉，打领带时衬衣的第一颗扣子也没有扣上，领带的形状也很不美观，而且一双短白袜子特别显眼，最让人无法接受的是，当他走起路来，挂在其皮带上的钥匙串在不断作响。

点拨

衣服穿搭看似是一件很简单的事，毕竟这是每天都在做的事。但事实上，真正全方位做好商务仪表穿搭也不简单，特别是在选择、穿着职业装时，有很多的要求与考究，这都是需要我们注意的。

一、服装穿搭

在正式的商务场合中，良好的外在形象既是个人素质与风度的良好体现，也能表达对于他人的尊重，有效拉近彼此关系，提升沟通效率。现代商务场合与职场中，西服是男士的标准着装，这点已经取得了普遍共识。但是，穿西服还是有很多应注意的细节的。总的来说，有"三个三"原则：第一是"三色原则"，即全身的各类穿搭应尽量限制在三种颜色或以内；第二是"三一定律"，商务皮鞋、皮带、公文包原则上应选用同一个颜色。第三是"三大禁忌",忌衣袖商标未摘掉、忌西装与皮鞋不搭配、忌配饰冗余和不搭配。以这"三个三"原则为基础,还有许多需要重点注意的细节。

1. 西服

西服面料应以毛料为主,在颜色的选择上,黑色最隆重,一般出席宴会等场合以黑色为主。而在职场中,最好选择藏蓝色和深灰色,显得沉稳庄重。西服的系扣方式也是有讲究的,西服一般为单排扣和双排扣,职场西装以单排扣居多。单排扣有一颗、两颗、三颗三种款式。如果是一颗纽扣,始终要系上;如果是两颗纽扣,上面一颗始终要系上,下面一颗绝对不能系;如果是三颗,最上面一颗可系可不系,中间一颗必须系上,最下面的一颗始终不能系。在穿着西裤时,应该牢记衬衫的下摆必须整齐地束进西裤内,不应当有褶皱。西裤应当熨烫平整,裤脚的长度以穿鞋后距离地面1厘米为宜,而且西裤自然下垂后搭在鞋面上的褶,原则上不超过两个。

2. 衬衫

衬衫最好选择单一颜色的,以浅色为主,没有图案最佳。正装衬衫不能选择短袖衬衫,要选择长袖衬衫。穿衬衫时,应该将第一颗纽扣系上。衬衫衣袖的长度以超过西服衣袖1厘米为宜,不应过短或过长。

3. 领带

领带要选择外形美观平整、衬里不变形的,面料最好是真丝和羊毛。常规领带款式有斜纹、圆点、方格、不规则图案等。斜纹领带表达的是果断、权威、稳重、理性,适合在谈判、主持会议、演讲的场合穿戴;圆点、方格领带体现的是中规中矩、按部就班,适合初次见面和见长辈、上司时使用,不规则图案的领带体现的是活泼,有个性、有朝气,比较随意,适合酒会、宴会和约会等场合。领带系好之后的长度,最标准的应该是在皮带扣的上沿到中间部位,不宜过长或过短。

4. 皮带

皮带的长短一定要合适,不宜过短或过长。款式上,原则上不选择有商标标识图案的,标准款式应当是针扣式。

5. 鞋

黑色和深棕色是商务皮鞋的常规色,需要根据西服、腰带、公文包的颜色来选择皮鞋。皮鞋的款式分为多种,最为正式的是牛津三接头皮鞋,其次是布洛克花纹皮鞋,马蹄扣乐福鞋适宜出现在较为休闲的场合。

二、饰物搭配

职业穿搭除了色彩与款式外,各种饰品对整体造型也有着重要作用。用得好,能够起到画龙点睛的作用,用得不好,则会"一着不慎,满盘皆输"。

1. 手表

手表是男士最重要的饰品，其颜色、款式应当适合自己的风格与所处的场合。男士搭配正装的手表，表盘直径以 36~38 毫米为佳，不宜过大或过小；表带以黑色、棕色光面皮质为佳；手表的颜色应与衬衫袖口的颜色搭配协调，不要过于碍眼或给人"突兀"的感觉。当然，皮质表带也有局限之处，夏天手腕出汗时，皮质表带容易湿，如不及时处理，会出现异味，且表带容易损坏。

2. 围巾

在冬季穿大衣时，男士可以选择黑色、灰色、深蓝色或咖啡色围巾。应当注意的是，进入室内后应将围巾连同大衣、帽子、手套一起脱下，任何时候在室内都不可以戴围巾、帽子、手套。

3. 袜子

袜子的色彩、质地、清洁度都会影响男士的形象。配正装的袜子应当选择同色系的。

穿正装时，袜筒不能太短，要保证坐下时不会露出小腿皮肤。但也不能太长，长度应该在小腿肚以下。

4. 公文包

应当选择质地优良、做工精致的公文包或手提包。包上不应有过多装饰物，颜色应当和腰带扣、眼镜框、手表等饰品的色调协调。男士的物品如手机、笔记本、笔等可以放在公文包中，尽量避免在口袋中携带过多物品，使衣服显得很臃肿，不适合商务场合。

5. 首饰

每只手最多只能戴一枚戒指。在商务场合，男士不应戴耳环。穿正装时不能露出项链。商务场合中，在手上戴串珠等饰品也是不合适的。

6. 眼镜

眼镜除了有矫正视力的作用外，还能起到装饰作用，注意应与其他饰品协调。商务人士平时工作宜选择金属色、黑色或棕色镜框的眼镜，镜片应清澈透明，不宜选用有色的镜片。若佩戴变色镜片，尤其在夏日，一旦进入室内与他人交流，在镜片颜色未变回清澈之前，应当取下眼镜。

单元三 男士仪态

案例导入

《列子·说符》讲了这样一个故事："人有亡斧者，意其邻之子，视其行步，窃斧也；

颜色，窃斧也；言语，窃斧也；动作态度，无为而不窃斧也。俄而掘其谷而得其斧，他日复见其邻人之子，动作态度，无似窃斧者。"

这个故事是说，有个人丢失了一把斧头，便怀疑是邻居的儿子偷走的。于是他观察邻居的儿子，看他走路的姿势像是偷了斧头；脸上的神情也像是偷了斧头，说话的腔调更像是偷了斧头；总之，言谈举止，无一不像偷了斧头。不久，这个人在山沟里掘地，无意中挖出了自己丢失的斧头。再见到邻居的儿子时，又觉得其举止态度，没有一点儿像是偷斧头的人。

▶ 点 拨

因为怀疑邻居的儿子偷了斧头，所以认为其走路的姿势、脸上的神情、说话的腔调都像是偷盗之人，看似可笑，却反映出每个人或许都会通过察言观色来对另外一个人做判断。商务场合同样如此，对方会根据言谈举止来初步判断你的修养与实力，从而确定是否要继续深入接触和合作。因此，做好对自身仪态的塑造，是提升个人在商务场合可信度与魅力的重要手段。

仪态，是指人的身体姿态，包括站姿、坐姿、走姿等。中国古代讲究"站如松、坐如钟"，力求通过优雅的仪态表达洒脱的气质。良好的仪态不是一日之功，需要长时间刻苦练习。

一、站姿

站姿是职场人士工作和活动中最常见且最重要的姿势，"站如松"是对站姿最基本且核心的要求。不同的场合，有不同的站姿标准，但基本站姿是一切姿态的基础，其他姿态都是在基本站姿的基础上演化而来的。由此可见，基本站姿的练习和保持最为重要。其要领如下。

双脚、双膝、双脚踝并拢、双腿直立，将一张纸夹在双膝之间，纸不可掉下来；身躯直立，提臀、立腰、收腹、挺胸、双肩舒展并略下沉；手臂自然下垂，轻贴裤缝；颈直、头正、双目平视、下颌微收、面带微笑，将一本书放于头顶，保持姿势，书不可摇晃。

当然，如果只是一时刻意地做到还不算成功，重要的是长期练习以形成肌肉记忆。练习时，可以对着镜子调整姿态。最开始，按照上面的要求练习5分钟，你会发现全身都有紧绷的感觉，这说明你的身体肌肉记忆在逐渐形成。休息后，再次练习时将时间延长至10分钟、20分钟……直至你在日常生活和工作中都能无意识地做到良好的站姿，这就说明你已经掌握了标准站姿的要领。以下是男士几种常见的站姿。

1. 肃立

脚尖分开45度，其他部位要领与基本站姿相同，全身应较为紧绷带力。这种站姿在庄重、正式的场合是必需的，用以表达重视的态度。

2. 直立

双脚分开,宽度不超过肩宽。男士直立时,有三种手位。

(1)自然下垂式手位　两臂及双手自然下垂,不用刻意用手去贴紧裤缝,这种手位常在轻松交谈时使用。

(2)前搭手式手位　右手握虚拳,左掌轻握右拳上,自然下垂于小腹前。注意保持后背挺直,此种手位显得比较亲和。如果与自然微笑的表情相配合,显得比较亲切。记住,做这一动作时不能将双手环抱于胸前。

(3)后背手式手位　右手握虚拳置于身后,左手轻握右手背,自然搭在尾骨处,此种手位给人以庄严、权威之感。在面对长辈、领导时不应使用此手位。

二、坐姿

职场人士在日常办公室工作、会见客人、参加会议等商务活动中,应当随时保持良好的坐姿。良好的坐姿能使人感觉舒适、不易疲劳,更能有效避免许多体态问题。同时,良好的坐姿也是个人修养的直接表现,会提升个人信任度和魅力值。

男士坐姿应当保持"坐如钟"。首先,在入座时要保持稳、慢、轻,不能火急火燎地去坐在椅子上。正确的方法是:稳重走到座椅前,控制身体稳稳坐下。如果周围有位高者,应当先帮助位高者将椅子挪到合适的位置,或是等待对方先入座后,自己再坐下,切忌在挪动椅子的时候发出剧烈声响。男士坐姿一般有以下两种。

1. 标准坐姿

稳重坐在椅面前 1/2 内,双脚分开不超过肩宽,两手分别放在两边大腿上或手指交叉置于腿间,切忌搭放在靠背上;立腰、收腹、挺胸、双肩舒展并略下沉;颈直、头正、双目平视、下颌微收。这种坐姿适用于较为庄重和严肃的场合。

2. 叠腿式坐姿

在非正式场合可以选用叠腿式坐姿,但切忌用脚尖和脚底对人,不可抖腿。采用这一坐法的原则是交谈双方地位平等,处于轻松的交谈氛围。但是,这种坐法久而久之会对身体产生不利影响。

三、行姿

站姿、坐姿相对来说属于"静"的仪态,行姿属于动的仪态,应有得体的礼仪仪态,始终保持头正、身挺、步伐稳健,展现出职场人士的精神风貌和职业素养。走路时,每跨出一步双脚之间的距离称为"步度";走路时脚迈出后落地的位置称为"步位";"步高"是行走时抬脚的高度。这三者只有达到协调的状态,行姿才能实现得体与优美。

1)标准步度为一脚至一脚半,即前脚脚跟与后脚脚尖之间的距离为本人脚长度的

1~1.5倍。一般说来，个子较高的人脚比较长，步度也比较大。如果高个子的人迈小步、矮个子的人迈大步，看上去会不协调。穿不同款式的服装时步度也不一样，正装的步度要比休闲装和运动装小。

2）走路时，两只脚的脚尖都要朝向正前方，"内八字"和"外八字"都是不美观的走姿。如果出现了这种问题，可以有意识地调整。

3）步高要合适。走路时脚不要抬得过低，脚后跟在地上拖着走，让人感觉缺乏朝气、老态龙钟。

除了注意步度、步位、步高外，还应注意：步伐轻快、有节奏，保持腰背直立但不左右摇摆，挺胸、抬头、收腹，双肩自然下垂，两臂前后摆动的幅度要与步伐的大小、节奏相协调，两眼平视，不要东张西望。手摆动时，手臂与上身躯干的夹角一般不超过15度。

四、身体语言

人与人交谈时，语言文字只占意思表达的一部分，而容易被我们忽略的身体语言却具有很重要的意义。身体语言分为手势语、身势语。

（一）手势语

手势语是通过人的手指、手掌、手臂等部位传达的隐形语言，往往可以起到强调语言分量、增强表达效果、显示心理内涵、掩饰内心秘密等目的。如大拇指向上往往表示认同，向下表示鄙视；食指指着他人有提醒与斥责之意。掌心朝向不同也代表不同的含义，如劈掌可表示加强，鼓掌表示赞赏，搓手则表示考虑、掂量。手臂交叉代表自负、自我保护、自我安慰。背手代表权威、稳重。

1. 常见手势

1）请进：迎接客人时，站立一旁，手臂向外侧横向摆动，指尖指向被引导或指示的方向。微笑友好地目视来宾，直到客人走过，再放下手臂。

2）引导：为客人引路时，应走在客人的左前方1~2步前，小臂指引，手跟小臂呈一条直线，五指并拢，掌心斜向上方45度，指示前方，眼睛应兼顾方向和来宾，直到来宾表示清楚了，再把手臂放下。

3）请坐：接待客人入座时，一只手摆动到腰位线上，使手和手臂向下形成一斜线，表示请入座。

4）递接物品：应该用双手或右手，手掌向上，五指并拢，用力均匀，要做到轻而稳。注意：如果递送带刀、带刃或其他易于伤人的物品时，应将刀尖朝向自己。

5）鼓掌：用以表示欢迎、祝贺、支持的一种手势，多用于会议、演出、比赛或迎接嘉宾。其做法是：右手掌心向下，以右手四指有节奏地拍击掌心向上的左手手掌部位。必要时，应起身站立。

6）夸奖：这种手势主要用以表扬他人。其做法是：伸出右手，竖起拇指，指尖向上，指腹面向被称赞者。此种手势在不同的国家可能含义不同，因此在涉外交往中要慎用。

7）道别：目视对方，手臂伸直，呈一条直线，手放在体侧，向前向上抬至与肩同高或略高于肩，小臂晃动。手臂不可弯曲，掌心朝向对方，指尖朝向上方。

2. 手势注意事项

1）注意区域性差异。不同国家、不同地区、不同民族，由于文化习俗的不同，手势的含意也有很多差别，甚至同一手势表达的含义也不相同。所以，只有了解手势表达的含义，才不至于生出是非。

2）手势不宜过多，动作幅度不宜过大。在运用手势时，切忌"指手画脚"和"手舞足蹈"，这样会给人烦躁不安、心神不定的感觉。在与人交谈时，如果反复摆弄自己的手指，比如，活动关节，甚至发出"嘎、嘎"的声响，或者是手指动来动去，会给人不舒服的感觉。

3）注意手势速度和高度。手势过快，会给人带来紧张感；手势过高，超过了头顶，有失端庄大方的仪态，手势最高不能超过耳朵。

4）手势一定要自然、协调。手势使用不当，会给人僵硬、做作的感觉，一定要做到自然、协调、美观。在工作中，若将一只手或双手插放在自己的口袋中，不论姿势是否优雅，通常都是不礼貌的。正确的做法是双臂自然下垂，双手掌心向内轻贴大腿两侧。

5）用手示意别用指头指。在工作中，人们常会忽略手势礼仪，常常因一个小动作而失礼，暴露出自己礼仪修养的不足。其中最常用的举手示意手势却常被不规范使用，显得有失敬意。正确的示意手势应该是除拇指外四指合拢，伸出手掌用指尖所指的方向示意，不能直接伸出食指或用一个指头进行指示，尤其是在相互介绍的场合，最忌讳用一个指头指着人向第三方介绍。此外，一些人习惯性地用手中正在使用的笔或筷子指向对方或做示意，也不符合礼仪规范。

（二）身势语

身势语主要包括头、肩、胸、腰、腿五大部分的动作所传达的隐性语言。

1. 头部动作的含义

点头：同意、鼓励、应和；摇头：反对、否定、无奈。

抬头：关注、吃惊、期望；低头：害羞、不服、懊丧。

昂头：傲慢、坚强、得意；歪头：思考、困惑、调皮。

扭头：不理、害羞、暗喜。

2. 肩部动作的含义

耸肩：傲慢、疑惑、吃惊。

抖肩：伤心、激动。

3. 胸部动作的含义

挺胸：坚强、自信、得意。

捶胸：伤心、难过、懊悔。
拍胸：自信、坦诚。
捂胸：激动、吃惊、沉醉。

4. 腰部动作的含义

挺腰：自信、坚强、勇敢。
弯腰：礼貌、服从、奉承。
叉腰：自信、坚强、愤怒。

5. 腿部动作的含义

交叠双腿：紧张、拒绝、防御。
交叉脚踝：紧张、压抑、防御。
双臂交叉、盘腿而坐：思考。

五、微笑及目光

（一）微笑

人们常说，微笑是治愈一切的良药，是拉近距离的最好媒介。在商务社交中，恰到好处地保持微笑，往往有意想不到的收获。

1. 微笑的理由

为什么要微笑呢？有以下八个原因。

1）微笑比紧锁双眉要好看。
2）微笑令彼此心情愉悦。
3）微笑令自己的日子过得更有滋有味。
4）微笑更有助于结交新朋友。
5）微笑能表示友善。
6）微笑能留给别人良好的印象。
7）对别人微笑，别人也自然报以你微笑。
8）微笑令你看起来更有自信和魅力。

2. 微笑练习的方法

1）嘴部发声"一""七"，练习嘴角肌的运动，使嘴角自然露出微笑。
2）多回忆微笑的好处，回忆美好的往事，发自内心的微笑。
3）情景熏陶法，通过美妙的音乐创造良好的环境氛围，使人会心地微笑。
4）照镜子练习法，对着镜子来调整和纠正微笑。
5）把手指放在嘴角并向脸的上方轻轻上提，一边上提，一边使嘴充满笑意。

3. 微笑的禁忌

1）不要假笑。微笑是否真诚，对方是可以判断出来的，因此我们的微笑必须是真实的、发自内心的。

2）不要不合时宜地笑。微笑并不适用于某些场合，比如，对方是悲伤的、生气的、对你有意见的，这时的微笑反而会弄巧成拙。

3）不要因人而异地笑。对待同一群体的不同人应该保持相同热情的微笑，不能厚此薄彼。

4）不要前后不一地笑。对待同一对象，不能因为前后情况发生变化了，微笑也发生变化。比如，在销售时，不能因为顾客没有购买你的产品或服务，就马上收起笑容，黑脸相向。

5）不要鄙视地笑。不要居高临下地用笑去鄙视对方的不足、失礼等，礼仪的核心要义是尊重和包容。

6）不要让你的笑消失得太快。笑容消失太快给人的感觉是在敷衍，不是真心实意的微笑，反而会让人觉得更不舒服。

（二）目光

良好的微笑应当配以合适的目光交流，目光所向的角度和区间根据社交关系的不同有不同要求，具体来讲视线向下表现权威感和优越感，视线向上表现服从与尊重，视线水平表现客观和理智。与人交谈时，目光应主要集中在对方的面部三角区。

实践训练

职场形象塑造训练

实训目标：掌握适合职场的形象塑造技巧，提升个人职业形象，增强在职场中的自信和竞争力，展现出专业、得体、整洁、大方的职业风貌。

实训内容：学生分成3~5人一组，结合课堂讲授的仪表仪态规范、面部清洁与护理、发型设计与打理、职业着装搭配，做职场形象塑造训练。各小组同学互相观察，检查各项训练是否准确、到位。结束后小组之间互评，小组内自评。

实训评价：填写职业形象塑造训练评价表，见表3-1。

表3-1 职业形象塑造训练评价表

日期		小组		姓名		
评价内容	评价指标		分值	自评	组评	师评
仪表仪态	站姿（5分）坐姿（5分）走姿（5分）手势（3分）眼神与微笑（2分）		20			
面部清洁与护理	清洁度（3分）护肤（4分）操作（3分）		10			

（续）

评价内容	评价指标	分值	自评	组评	师评
发型	适配脸型（3分）整洁层次（3分）持久度（2分）技巧（2分）	10			
着装	协调（10分）单品（8分）细节（8分）创新（4分）	30			
综合	完整（10分）真实（10分）沟通自信（5分）应变（5分）	30			
备注	总分100分，80分为优秀，70分为良好，60分为合格，60分以下为不合格，总分＝自评（30%）+组评（30%）+师评（40%）	总分			
教师建议内容					
个人努力方向					

模块小结

本模块旨在全面提升男士职业形象塑造能力。从仪表仪态规范训练，到面部清洁护理、合适发型打理及专业着装搭配技巧学习，同学们逐渐掌握关键要点。通过综合展示与考核，大家在职业形象上有显著进步，为职场发展增添助力。

练习与思考

一、单选题

1. 以下哪项不是男士发型长度的准确表述（   ）。
　　A. 前不盖眉　　　B. 后不及领　　　C. 侧不及耳　　　D. 不留鬓角
2. 以下哪项不是男士西服穿着要求（   ）。
　　A. 西服袖子要长于衬衫袖子　　　B. 西服商标需要剪掉
　　C. 西服最后一颗扣子永远不系　　　D. 西服上下身必须同色
3. 以下哪项不是男士正装配饰（   ）。
　　A. 手表　　　B. 公文包　　　C. 腰带　　　D. 手链
4. 与人沟通交流时，目光应主要集中在（   ）。
　　A. 额头　　　B. 眼睛　　　C. 三角区　　　D. 肩部以上都可以

二、简答题

1. 男士服装搭配"三色原则"指什么?
2. 男士商务场合可以使用的饰物有什么?
3. 微笑有哪些禁忌?

三、案例分析

李先生是一位销售经理,在与重要客户会面时,他穿着一套皱巴巴的西装,搭配了一双运动鞋,头发略显凌乱,胡子也没有刮干净,在交流过程中频繁看手机,坐姿也比较随意。

问题:请分析李先生的商务形象存在哪些问题,并阐述这些问题可能对业务洽谈产生的负面影响,以及如何改进他的商务形象。

模块四
商务接待礼仪

模块描述

商务接待中,礼仪必不可少,这既表达对他人的理解和尊重,也是自我风度和涵养的体现。适宜的态度是接待礼仪的核心要求,这就要求我们在接待过程中能理解并照顾他人的情绪,以真心、真诚、真情赢得他人的认可与尊重。同时,展现良好的礼仪行为,注意容易忽视的礼仪细节,也是我们在商务接待中需要严格遵循的。

通过本模块的学习,掌握商务接待中电话、微信、称呼、握手、介绍、引领、乘车等礼仪相关要求,结合自身情况,在不同的商务场合中灵活运用,实现良好的商务互动。

学习目标

能力目标

1. 能顺畅实施良好的接待礼仪。
2. 能在商务接待中理解并照顾他人的情绪。
3. 能因人、因时、因地而异做好商务接待工作。

知识目标

1. 了解商务接待礼仪的文化内涵。
2. 掌握商务接待礼仪的各项要求。
3. 熟悉商务接待礼仪的运用场景。

素养目标

1. 塑造稳重得体的待人接物意识。
2. 强化尊重与包容的商务接待态度。

学习内容

单元一　电话礼仪
单元二　微信礼仪
单元三　称呼礼仪
单元四　握手礼仪
单元五　介绍礼仪
单元六　引领礼仪
单元七　乘车礼仪

建议学时　12

单元一　电话礼仪

案例导入

王总遇到一件烦心事，每到午休时总会有一两个电话打进来，有时候是公司下属汇报工作，有时候是广告骚扰电话。通过多次强调，公司内部人员在午休时给他打电话的越来越少了，但骚扰电话让人心烦。想关机吧，又担心有什么紧急事情，不关机又影响了正常午休。

点　拨

电话并不是想打就打，除非急事，否则还是要注意拨打的时机、场合、说话的形式和内容，特别是在商务场合，更是如此。

电话有形象和规矩，无论是企业还是个人都要有电话形象的意识。通过电话我们可以听出对方的心情和状态好不好，是否重视自己，有没有素质，性格怎么样，状态是积极的还是消极的，这些都可以从电话声音中听出来，再有甚者，还可以听出对方文化修养如何，社会地位如何。因此，在电话交流的过程中，我们也应当随时注意礼仪，不能想当然地认为对方看不见自己，就放松对礼仪的要求。

一、拨打电话礼仪

拨打电话的礼仪有四个要点，分别是事前准备、时机要求、礼貌开场、圆满结束。

（1）事前准备　当我们打电话给重要的人时要先打好腹稿。因为电话的特点是及时性强，承载的信息量小，所以打电话前先想清楚自己要说什么、如何称呼对方、怎样表达、用什么语气、如何措辞，都应当事先想清楚，列好事项清单及应对方案，尽量做到条理清晰、不遗漏重点。

（2）时机要求　什么时候可以给对方打电话，这是拨打电话的人要考虑的，在恰当的时间打，也是对对方的尊重。早上八点以前、晚上九点以后、中午午休时、周末和节假日，都不是拨打电话的合适时间。如果真的需要打，第一句要说的是抱歉，事关紧急，打扰您了。时间之外，我们也应当注意场合。太吵、信号不好的地方也不要拨打电话。

（3）礼貌开场　打电话应当称呼对方的尊称并问好，无论接打电话都不要说"喂"。同时介绍自己，"您好，请问您是李先生吗？我是某某单位的某某某。"很重要的一点是在确认对方的身份后，务必要加上一句，"请问您现在方便讲电话吗？"通话内容应当简洁准确，电话有一个三分钟原则，意思是打电话的人要有时间意识，尊重对方的时间，自觉地把通话时间控制在三分钟以内。如果不是十分重要和紧急的事宜都不适合讲太久电话，所以通话前要做足准备工作。事先列好提纲，明确有哪些内容是不能漏掉的，从而让通话更高效更准确。

（4）圆满结束　挂电话一定要双方都明确已经交谈结束，不能自己想当然地认为已经讲完了就挂断，而且在结束时最好表达对对方的祝福，如周末愉快、节日快乐等。

二、接听电话礼仪

接听电话看似平常简单，但其中也蕴含了不少礼仪细节，如不方便接听电话时应当如何挂断，以及接听的时机、通话的语音、语气和语速等。

（1）接听时机　电话一响就立刻接吗？其实不是，最佳的时间是电话响3声之后接听，因为若铃声一响，我们马上接起来，对方可能还没有准备好，也许会吓一跳，两三声刚好是对方既期待又准备好的状态。如果电话持续不断响到6声以上我们还没有接听，那对方可能就会急躁了。因为他在这段时间里，几乎所有的注意力都在电话上，所以当这种情况发生了，我们接起电话后应及时致歉。如果的确有重要事宜不方便接听电话，挂断电话后应及时用短信或微信告知对方：对不起，现在不方便接听电话，稍后给您回复，以此表达对于对方的尊重。

（2）礼貌应答　接起电话后，我们应当礼貌问询：您好，请问哪位？如果是公司外线电话，我们就要报公司名，如果是公司内线电话，我们应报部门名称，或者是个人姓名，这是礼貌应答。

（3）良好沟通　认真倾听、同理感知、积极回应，特别是接到投诉电话或情绪不佳之人的电话时，当你感受到对方有强烈情绪时，一定要打起精神，心平气和地与之沟通，切忌硬碰硬或态度消极，让矛盾更加尖锐。

（4）结束有礼　在电话结束时，要问是否还有其他事项要说，结束语之后等对方挂断电话以后自己再挂，如果对方迟迟不挂电话，应当在5秒后询问对方是否还在线，如果没有回复，则可以挂断电话。如果是座机电话，一定要轻放。

三、代接电话礼仪

代接电话时，虽然不是联系自己的直接事宜，但我们也应当高度重视并表达出足够的礼仪。

1. 问清对方身份及用意

处理电话的首要工作是问清对方的身份和来电用意。对方若不愿说明，您应巧妙地探听对方的身份、用意和联系方式。

××先生，经理正在开会，但我可以去找他，您能否让我告诉他是哪一位先生（女士）打电话找他？

××先生，经理现在有客人，他等一下打电话给您，您能否让我转告他，您找他有什么事？

如果对方仍不说出来意，就请对方留下电话号码，以便及时回电。

2. 留言五要素

当需要留言的时候应注意五大要素，分别是：致、发致、日期、内容和记录者签名。致，就是给谁的留言；发致，就是谁打来的电话；日期应该详细记明来电具体的年月日时分；内容尽量简明扼要，记录重点内容。如果留言要求回电话，那就一定要留下对方的姓名和联系方式；最后是记录者签名，这样可以方便当事人查找和询问详细通话信息。

在留言电话结束前，对于重要的信息，我们要适时重复并再次跟对方核实，我们可以说："我跟您核实一下留言的内容好吗？您刚才说的是三件事，第一……第二……第三……您看是不是这三件事，还有补充吗？"

在挂电话之前，我们一定还要询问对方是否还有别的需求，如"请问您还有其他的需要吗？""还有什么可以帮您吗？"如果有，我们就继续耐心接听，如果对方说没有了，我们就要说谢谢您的来电，再见。

单元二　微信礼仪

◉ 案例导入

在一家广告公司，年轻的设计师小林和资深客户经理王某负责同一个项目。一天深夜，小林在工作群里发了条几十秒的语音消息，谈项目的新想法，当时大家包括王某都已休息，王某被吵醒后很不悦，费力转文字查看。第二天跟客户开会前，王某微信询问小林准备情况，而小林未及时回复，导致团队进度受到影响。小林这才意识到微信沟通可能有问题，那么小林忽略了哪些微信礼仪呢？这对我们又有何启示？

➲ 点　拨

猜猜看全中国现在有多少人使用微信呢？微信从 2011 年 1 月 21 日推出至今，已经有十来亿用户。微信 14 年时光，成熟的不仅仅是一个 APP，还有你和我在内无数人的生活。客户可能早已经在微信里默默建立了对你的第一印象，公司的领导和同事也通过微信感知着你的工作状态。不管你喜不喜欢、愿不愿意，懂得微信礼仪已经成为人人都需要的一项能力。

我们的微信礼仪越周到，给对方的职业印象就越深刻。那么怎么设置自己的微信？怎样礼貌地添加微信？发微信有哪些注意事项？收到微信应该怎么处理？微信群又应该注意哪些问题？朋友圈应该发什么内容？本单元就围绕以上六个问题来和大家分享。

一、微信设置礼仪

1. 昵称

我们在设置昵称的时候，应该明确自己的昵称会给对方留下什么印象。工作微信最好用公司名称加名字加电话号码，方便对方搜索，微信联系不上时还可以用电话联系。

2. 头像

头像应尽量使用健康、积极的图片，大多数人喜欢和积极向上的人做朋友。如果微信用于商务交往，最好用本人职业照，这样见到你本人的时候，容易对上号；别用合照做头像，不然客户不知道哪个是你。如果要用可以放在朋友圈做封面。

3. 签名

尽量传递积极和正能量思想，服务理念或使命、价值观之类的文字，更能展示自己正面的形象。

综上，凡是自我介绍，无论是昵称、头像还是签名，核心都是表现正面积极的形象，至少不能是消极负面的。

二、添加微信礼仪

1. 扫码添加好友微信

按照礼仪，应该是"晚辈（下属、级别次之、乙方等）"扫"长辈（上司、领导、甲方、客人等）"的微信。不论是晚辈还是长辈提出添加微信，晚辈都应该主动去扫描长辈的微信二维码。

2. 自我介绍

主动添加好友时，简单备注上介绍及添加理由。谁先加的微信，谁就应该自报家门。如果三次添加对方都未同意，原则上就不要再继续了。

3. 及时打招呼

添加微信后，应第一时间将个人的姓名、单位、联系方式等信息发送给对方，同时致以问候，会给人留下良好的印象！

4. 修改备注

不管是你主动加别人好友，还是别人加你好友，通过后第一时间修改备注。除了文字备注以外，还有图片备注，如果能将对方照片一同备注进去，对于以后识别对方身份，也非常有好处。

三、发微信礼仪

1）注意发消息的时间。不要在早上7点前、午休时间及晚上11点以后发信息，否则会打扰别人休息。

2）有事直接说事。不用问"在吗"；如果要问"在吗"，在说了"在吗"后，要把事情一并说出来，这样好让对方决定回答"在不在"。

3）尽量不发语音或打语音电话。无论是给领导，给下属，还是给同事，都优先选择文字。为什么呢？因为在工作中很多场合都不适合发出声音，比如，在办公室开会，大家都选择手机震动或静音，你发语音别人不方便收听。而且，不方便收听就不能及时回复。此外，语音不能截图，不能转发，要从你的信息中找一段内容，还得从头听，非常麻烦，甚至很多人感叹"爱发微信语音的人是自私的表现"。而语音电话更是如此，会影响到他人工作或休息。如果一定要打，打之前要先问问对方是否方便。

4）谨慎截图转发。截图的图片内容除了你想转发的内容外，还显示了他人的微信个人信息，存在着泄露个人隐私的风险。

5）注意纠错和排版。很多人发微信不假思索，想到一句发一句，这都是不顾他人感受的表现。微信内容要有条理，不要一行几个字，也不要几百字一大段，该分段的分段，该加句号的加句号，该加逗号的加逗号。通常一件事情放在一条信息里，多件事情就分多条信息，要特别注意文字的准确性。

6）尽量不使用单字回复。除非你没有跟对方继续聊天的欲望，不然少用单个字回复，比如，"哦""嗯"和"喔"……

四、收微信礼仪

1）及时回复。我们发微信时，都希望别人能够快速回复，有些人觉得回不回、早回还是晚回都无所谓，甚至连敷衍都没有，这都是很失礼的。

2）别自视甚高。假如下属向你请示，同意就同意，不同意就不同意，如果还需要时间考虑，那也应及时回复"我考虑一下"。

3）重要的群和人最好置顶。通过置顶可以把重要的群和人永远放在最上面，这样不容易遗漏重要的信息。

4）收到语音类的工作微信，如果不方便接听，可以回别人"现在不方便接听语音，如有急事，可以发送文字"。或者你也可以选用微信的"语音转文字"功能。

5）在工作时收到消息，不想立刻处理，又怕以后忘了，或者收到文件光保存却忘了看，都可以用"提醒"功能。

五、微信群礼仪

1. 拉群

拉群之前一定要征求被拉对象的意见，万一把有矛盾的人拉到一个群里了呢？如果，想邀请某人进群，最好先征得对方同意，群主应向群成员介绍群功能，如果人数不多，比如工作群，最好介绍一下群成员，介绍的顺序是先把晚辈介绍给长辈，把下级介绍给上级，把男士介绍给女士。这些细节会让群成员的感受更好，也有助于工作顺利开展。

2. 群名称

一个清晰明了的群名称，能快速让群员知道是什么性质的群。同时，也应提议群成员及时更改自己的群昵称，有效提升沟通效率。

3. 群聊禁忌

1）不发个人生活琐碎和烦恼的事，这既影响群友情绪，浪费群友时间，也会暴露个人隐私。

2）涉及国家和工作单位机密的信息不要乱发，哪怕一对一发也不妥，信息网络时代都有被记录和泄密的可能。

3）不能泄露他人隐私。不能随意发表未经他（她）人同意、带有个人隐私性质的内容和图片，这涉及人权和肖像权。

4）对不确定的新闻，最好不要随意转发，谣言容易造成社会恐慌。

5）不要发太过直白的广告。过于直白的广告会让微信群充斥着金钱气息，非常俗气，还会引起群友的不适。

6）能私聊的不群聊。群交流如果是某两个人对话较多，可以私聊，避免扰众。

7）不要滥发表情包。群聊切记不要连续发表情包，群聊是聊天的地方，不是个人的情绪发泄地。

六、朋友圈礼仪

1. 朋友圈内容禁忌

详细要求可参照上文微信群礼仪。除此之外，我们还应当注意，并不是所有内容都适合每一位微信好友看到。因此，可将微信好友分组设置，在朋友圈分享时选择相应群组可见。

2. 注重隐私

无论是自己还是他人的隐私，都极易在朋友圈泄露。因此，尽量别把跟朋友的私人对话截图或照片发到朋友圈。

3. 良好互动

好友在你朋友圈的评论应及时回复；一直给你点赞留言的人，也应该主动给对方的朋友圈点个赞。另外，不要盲目随意点赞，请在点赞评论前看好对方发的是什么内容，万一对方发的是不幸的事，再去点赞就很不合礼仪。

微信越来越深入我们每个人的生活，也改变着我们每个人的生活，懂得微信礼仪才能从容应对。

单元三　称呼礼仪

⊃ 案例导入

有一次，某演讲家应邀到一所监狱向服刑人员做演讲，遇到了一个难题，那就是怎么称呼的问题，如果叫"同志们"，好像不大合适，叫"罪犯们"，会伤害对方的自尊。经过考虑，演讲家在称呼他们时，说的是"即将走向自由的朋友们"。谁知这句称呼一出口，全体服刑人员热烈鼓掌，有人还当场落下了热泪。

⊃ 点　拨

称呼指的是人们在日常交往应酬时，彼此之间的称谓语。职场人士在与各种年龄、性别、身份的客户交往时，要特别注意称呼的礼仪。能否选择正确、适当的称呼，反映着自身的教养和对客户尊敬的程度，因此不能随便乱用。称呼要合乎常规，要照顾被称呼者的个人习惯。

称呼语是交际语言中的先行官，一声得体又充满感情的称呼，不仅体现出称呼人的文化和礼仪修养，也会使交往对象感到愉快、亲切，促进双方感情的交融，为以后的深层交往打下良好基础。因此有人把称呼比作是交谈前的"敲门砖"，它在一定程度上决定着社会交往的成功与否。

一、称呼的功能

称呼有三大功能：首先是呼唤功能，我们称呼别人大多数时候都是为了引起别人注意；其次是关系功能，称呼能反映出呼唤人与被呼唤人的关系程度；最后是情感功能，称呼还能体现两人之间的情感。

二、称呼的方式

不同的地域和文化之下，称呼的方式不尽相同。我们来看看国内外常规的称呼方式。

1. 国内称呼方式

1）直呼其名的称呼：刘××/朱××。

2）只呼姓不道名：老李/小张。

3）相对年龄的称呼：徐大哥/魏阿姨。

4）泛尊称：您。

5）称呼职业、身份：张律师/李老师。

6）称呼职务、技术职称：刘经理/张博士。

2. 国际称呼方式

1）一般情况：男子称先生，女子称呼小姐/太太/女士。

2）商务交往：先生/小姐/女士，不称呼行政职务。

3）政务交往：阁下/先生/小姐/女士，可称职务，例如：大使阁下。

4）对来自君主制国家的贵宾：陛下/殿下/公爵。

5）对有职业或学位的称呼：律师先生/法官先生。

6）军界交往：军衔相称，例如：巴顿将军。

7）神职人员：称呼神职，例如：教父、道长、大师。

三、称呼的注意事项

1）在使用第二人称时有礼节。大家都知道，用"您"比用"你"要更显敬重，这是我们必须记住的。同时我们还要知道用"老师您"比单用"您"更显敬重。用量词"位"也可表示尊重，如说"这位老师"比说"这个老师"要好。

2）对说话对象的家人称谓有礼节。比如，对老师的妻子可以称"师母"，对兄长的妻子称"大嫂"，如领导年龄与自己父母差不多，对其夫人就可称为"阿姨"，不要直呼其名或"你老婆"。

3）对说话对象所属公司的称谓有礼节。对方的公司要称"贵公司"。

4）不能念错字，如姓氏中的查、仇等，要了解其正确读音。

5）不能错误称呼，如对未婚的女性，一般不称呼夫人。相对而言，称呼女士是比较稳妥的。

6）不能随便给人起绰号和称呼绰号，如猪肉李、瘸子张……

7）不能以"哎""3号""眼镜儿""老头"等不礼貌的方式称呼。

称呼虽小，却蕴含着大礼仪。一个恰当的微信称呼，是开启良好沟通的钥匙，能让对方感受到尊重与关怀，从而使交流更加顺畅、高效。

知识拓展

中国传统称谓

有姻缘关系的，前面加"姻"字，如姻伯、姻兄、姻妹等。

称别人的亲属时，加"令"或"尊"。如尊翁、令堂、令郎、令爱、令任等。

对别人称自己的亲属时，前面加"家"，如家父、家母、家叔、家兄、家妹等。

对别人称自己的平辈、晚辈亲属，前面加"敝""舍"或"小"。如敝兄、敝弟，或舍弟、舍侄，小儿、小婿等。

对自己亲属谦称，可加"愚"字，如愚伯、愚岳、愚兄、愚甥、愚任等。

妻父俗称丈人，雅称为岳父、泰山。丈人称呼女婿为贤婿。兄弟为昆仲、棠棣、手足。夫妻为伉俪、配偶、伴侣。妇女为巾帼；男子为须眉。老师为先生、夫子、恩师；学生为门生、受业。学堂为寒窗；同学又称为同窗。

单元四　握手礼仪

➲ 案例导入

小王毕业后，选择了销售行业。在培训课上，老师传授给他两件法宝：一是如何与准客户握手，二是如何运用微笑。小王起初认为握手不是什么推销利器，没有放到心上。

一天，他拜访一位准客户，进门时，他微笑着说："您好！我是××公司的销售员小王……"准客户看了他几眼，说："知道啦，我不需要这种产品！"于是小王只好走了。老师知道后，分析了症结，告诉他该如何做。第二次，小王着装整齐地来到之前那位准客户办公室，客户开门后，小王满面笑容地说："您好！"同时迈出右腿，向前跨一步，坚定地伸出右手。准客户不由自主地伸出了自己的手，与小王相握。"我是××公司的销售员小王……"小王有力且坚定地握了握那位准客户的手。准客户也用力地回握了他，并热情地邀请他进办公室细谈。

小王终于成功了。

➲ 点　拨

一般来说，与客户见面或告别时，出于礼貌，都应该与对方握手。握手的力度、姿势与时间的长短往往能够表达不同礼遇与态度，显露自己的个性，给人留下不同印象；通过握手也可了解对方的个性，从而赢得交际的主动权。

握手，是人们在社交中最常见的礼仪。不仅常用在人们见面和告别时，更可作为一种祝贺、感谢或相互鼓励的表示。握手看似简单，但却是沟通、交流、增进人际交往的重要手段。虽然对绝大多数人而言，握手只是两个人之间双手相握的一个简单动作，但是在握手的背后，握手的顺序、时间、力度和忌讳等方面，同样有很多学问。在握手成为常用的社交礼仪行为时，一些握手的要领便成了你的举止是否得体优雅的关键所在。

一、握手的时机

1）介绍相识时。当你被介绍与第三方相识时，应马上向对方伸手并趋前相握，以表示很高兴认识他（她），并表示今后愿意建立联系和商务工作等。

2）久别重逢时。与自己久别重逢的老朋友或多日不见的同事相见时，应该主动热情握手，以示自己的问候、关切和高兴之情。

3）突遇熟人和上级时。在社交场合如果突然遇到了自己的熟人和上级，除口头问好外，还应上前握手表示问候和欣喜之情。

4）迎接客人到来时。当你所邀请的客人如约而至，或者有别的客人到来时，应同他们握手，以示欢迎。

5）拜访告别时。在拜访友人、同事或上司之后，辞别时应握手，以示希望再见之意。

6）送别客人时。邀请客人参加活动，在客人告别时，作为主人应同所有客人握手，以表示感谢对方能拨冗光临、给予赏光支持之意。

7）与有喜事的熟人见面时。当你获知自己的友人或熟人有喜事，如晋升职衔、喜结良缘、比赛获奖等，与之见面时应主动握手，以表示祝贺。

8）别人向自己祝贺、赠礼时。当有人向自己颁发奖品（奖金）、赠送礼品、发表祝词和表示祝贺时，应与其握手以表示感谢。

9）拜托别人时。当拜托别人帮自己做某件事时，应握手以表示感谢和恳切企盼之情。

10）别人为自己提供帮助时。当别人为自己或自己的亲友提供某种帮助时，应握手致谢。

二、握手的姿势

握手的姿势要优雅。行握手礼时，上身应稍稍往前倾，两足立正，伸出右手，距离受礼者约一步；四指并拢，拇指张开，掌心和虎口相对，与受礼者握手，礼毕后松开。距离受礼者太远或太近都是不合适的，尤其不要将对方的手拉得太近。握手时身体稍往前倾，不能挺胸昂头。当长者伸手时，应急步趋前，用双手握住对方的手，招呼"欢迎您""见到您很高兴"等热情洋溢的话语。

握手时应上下摆动3~7下，不能左右摇动。当遇到比较熟悉的人或深交时，为达到某种情感的效果，可以伸出双手行握手礼。伸出的手应垂直，如果掌心向下握住对方的手，则显示一个人强烈的支配欲，这是无声地告诉别人，你此时处于高人一等的地位，应尽量避免这种傲慢无礼的握手方式；相反，掌心向上同他人握手，则显示一个人的谦卑与毕恭毕敬。如果是伸出双手来接，就更是热情与恭敬的表现。平等而自然的握手姿态是两人的手掌都处于垂直状态，这是最普通，也是最常用的握手方式。

三、握手的顺序

在社交场合，握手时伸手的先后顺序讲究颇多，一般握手的顺序是等女士、长辈、已婚者、职位高者伸出手后，男士、晚辈、未婚者、职位低者方可伸出手去呼应。若后者"先下手为强"，抢先伸出手去，却得不到前者良好的回应，场面会令人难堪。朋友和平辈之间则不用计较谁先伸手。另外，在祝贺对方、宽慰对方，或表示谅解对方的场合下，应主动向对方伸手。

有客来访时，主人应先伸手，以表示热烈欢迎。告别时等客人先伸手后，主人再伸手与之相握，才合乎礼仪，否则有逐客的嫌疑。

在公共场合，如果你需要与之握手的人士较多，应注意握手的顺序，先同性后异性，先长辈后晚辈，先已婚者后未婚者，先职位高者后职位低者。也可以由近及远地依次与之握手。需要提醒的一点是，男士和女士之间，绝不能男士先伸手，这样做很失礼。

四、握手的时间与力度

男士之间或女士之间行握手礼时，只要遵从一般规范即可，握手时间及握手的力度都比较随意。但是男士与女士之间握手，或者与长者、贵宾握手，则要遵从特定礼仪规范。

握手的力度、姿势与时间的长短往往能够表现握手人对对方的不同礼节与态度，我们应该根据不同的场合及对方的年龄、性格、地位等因素正确行握手礼。握手的时间要恰当，长短要因人而异。握手时间可根据双方的熟悉程度灵活掌握。初次见面握手时间不宜过长，以三秒为宜。切忌握住异性的手久久不松开，与同性握手的时间也不宜过长。

握手时的力度要适当，可握得稍紧些，以示热情，但不可太用力。男士握女士的手应轻一些，不宜握满全手。如果下级或晚辈与你的手紧紧相握，作为上级和长辈一般也应报以相同的力度，这可使晚辈或下级对自己产生强烈的信任感，也可以使你的威望、感召力在晚辈或下级之中得到提高。与长者、贵宾、上级握手，不仅是为了表示问候，还有尊敬之意。

五、握手的禁忌

握手除了时机、姿势、顺序、时间与力度要注意外，还有以下禁忌。

1）忌用左手。一般情况下，握手时要用右手，在古代，左手往往是祭祀手，用来与人握手是极其不礼貌的。有时如果我们右手提了东西，也应把东西换到左手，用右手去和他人握手。

2）忌心不在焉、握手过轻。有人在握手时，眼神和对方没有交流，反而在东张西望，握手的力度也极轻，这是对对方的极度不尊重，一定要避免。

3）忌不摘手套、戴太阳镜。冬天握手时，不取手套与人握手，是不礼貌的。在礼仪中，仅有军人握手时可以不取下手套。同时，在夏天时如果戴着太阳镜与人握手，也是不合礼的。

4）忌交叉握手。这样很容易构成西方人忌讳的十字架情况，很不吉利。当然，有一种情况例外，就是剪彩，剪彩时由于时间、场地有限，当剪彩嘉宾站成横排时，允许交叉握手。

握手礼虽简单，却似一座无形桥梁，连接着彼此心灵。一次规范、真诚的握手，传递着尊重与友好，为交流定下温暖基调。在社交场合中，把握好握手礼仪，便能轻启信任之门，让每一次相遇都充满诚意，开启友好往来的新篇章。

单元五　介绍礼仪

案例导入

某国外公司总经理史密斯先生在得知与新星贸易公司的合作很顺利后，便决定偕夫人一同前来中方公司做进一步考察，销售部经理小王陪同新星贸易公司的张总前来迎接。在机场出口见面时，小王首先自我介绍："尊敬的史密斯先生、夫人，您好！我是新星贸易公司销售部经理小王。"小王随后将张总介绍给史密斯先生、夫人，再将史密斯先生介绍给张总，最后将史密斯夫人介绍给张总。

点　拨

在商务活动中，介绍和被介绍是很重要的一环。通过介绍，可以结识新朋友、交易伙伴，开始业务上的接触。介绍的场合和气氛应该是自然而轻松的，这有利于合作的开展。

商务交往中，总是会不断认识新的面孔，结交新的朋友。初次认识，总少不了介绍自己和介绍别人，得体的介绍往往给人留下良好的印象，因此人们又把介绍当作"交际之桥"。

介绍是与他人进行沟通、增进了解、建立联系的一种最基本、最常规的方式。最突出的作用，就是缩短人与人之间的距离。在人际交往中，介绍有很多技巧与礼仪：什么时候介绍，先介绍谁、后介绍谁，介绍的内容是什么，介绍应该使用什么手势，介绍过程中有什么禁忌……这些问题通常决定着介绍和交往的成功与否，也是自我素质与风度的直接体现。

学习完本单元内容后请思考案例中小王的介绍顺序是否合理。

一、自我介绍礼仪

自我介绍是对个人情况的说明，可长可短，应根据不同的场合适时调整，每个人都应该对不同情况下的自我介绍熟记于心，不能临时组织拼凑，这样会显得仓促敷衍且不全面。

1. 自我介绍的时机

1）应聘求职时、应试求学时。
2）在社交场合与不认识者相遇时。
3）不相识者对自己很有兴趣时。
4）在聚会上与身边的人共处时。
5）他人请自己做自我介绍时。
6）介绍陌生人组成的交际圈时。
7）求助的对象对自己不甚了解，或一无所知时。
8）前往陌生单位，进行业务联系时。
9）在旅途中与他人不期而遇而又有必要与其接触时。
10）初次登门拜访不相识的人时。
11）利用大众传媒向社会公众进行自我推介、自我宣传时。
12）利用社交媒介如电话、电子邮件等与不相识者联络时。

2. 最容易被别人记住的自我介绍时机

1）对方对你比较关注时。
2）没有别人在场时。
3）周围环境比较安静时。
4）在较为正式的场合（会客厅、写字楼、办公室）时。

3. 自我介绍的具体形式

1）应酬式自我介绍：内容最为简洁，往往只包括姓名一项即可，如"您好！我叫李平"。
2）工作式自我介绍：内容应包括姓名、供职的单位及其部门、担任的职务这三项，通常缺一不可，如"我叫张西，现在是××市政府办公室副主任"。
3）交流式自我介绍：内容应包括姓名、工作、籍贯、学历、兴趣及与交往对象的某些熟人的关系等，如"我叫萧江，现在在中铁公司工作，我是四川大学毕业的，我想咱们是校友，对吗？"

4. 不同场合下自我介绍的时间

1）一般场合：以半分钟为宜，不宜超过1分钟，时间越长，越容易让人遗忘。

2）应聘、面试场合下的介绍：3~5分钟为宜，突出重点，让人印象深刻。

5. 自我介绍的态度

1）态度要自然、友善、亲切、随和，整体落落大方，笑容自然。

2）自信和坦然。正视对方双眼，眼神不可飘忽不定。

3）表达真实情感，不冷漠。

4）语气自然，语速正常，吐字清晰，说普通话。

5）要真实。

6）自我评价掌握好分寸，不用"很""非常"等极端词。

二、为他人介绍礼仪

为他人做介绍是经由第三方为彼此不相识的双方引见、介绍的一种方式。为他人介绍的过程中，我们应当特别注意：介绍姿势、介绍内容、介绍顺序及被介绍者的礼节。

1. 介绍者的姿势

1）标准姿势站立，右臂肘关节略屈并前伸，手心向上，五指并拢指向被介绍者，介绍时应适当保持手部姿势，指示和放下的速度均不宜过快。

2）眼睛注视被介绍者的对方。不要东张西望，更不能顾左右而言他，这是对被介绍的双方最起码的尊重。

2. 为他人做介绍的内容

1）一般介绍：姓名、称呼。

2）正式介绍：姓名、称呼、工作单位、职务、兴趣爱好。

3. 介绍顺序

我们通过一个案例来进行解析：一位客户到公司拜访，公关经理在机场接到这位客户后，要安排他和公司总经理见面，应该先介绍谁？

1）问题实质。做介绍的先后顺序问题。

2）问题重要性。顺序错了，轻者别人会说你没素质，重者别人会认为你蓄意为之。

3）答案就是：让客人优先了解情况，客人有优先知情权。

因此，我们做介绍时的顺序如下。

1）职位低的人首先介绍给职位高的人；年少者首先介绍给年长者；男性首先介绍给女性。

2）亲近的人首先介绍给初次见面的人；未婚者首先介绍给已婚者；同事首先介绍给客户。

3）个人首先介绍给集体或人群。

单元六　引领礼仪

● 案例导入

小张是公司新人，部门安排他引领一位女性客户到会议室座谈。小张在门口迎接到客户以后，走在客户的左前侧作引领，在上楼梯时，按照所学的一知半解的礼仪知识，让女性客户走在前方，让对方很尴尬，这到底是怎么回事呢？

● 点　拨

引领在日常工作中比较常见，到底该走客方的哪一侧，上楼梯该走在前方还是后方，乘坐电梯时谁先进谁后进等，都是礼仪细节，需要我们关注。

商务活动中，引领是必不可少的。作为主人和活动主办方，有效、有礼、有序地将客人引导至目的地，且在此过程中，体现出热情态度和专业素养，是商务接待工作中非常重要的一环。那么在引领过程中有哪些礼仪呢？平路引领、楼梯引领和电梯引领又有什么区别呢？本单元我们一起来探讨。

一、引领的标准动作

1）站姿标准：头正、颈直、肩平、背挺、提臀、立腰、腿直、身体前倾15度。

2）面部标准：干净整洁、适时微笑、目光平视。

3）手掌标准：手掌伸直，五指并拢，掌心向上倾斜，手背与地面形成45度角，切忌用单一手指指示。

4）手臂标准：横摆式，即手臂向外侧横向摆动，指尖指向引导或指示的方向，适用于指示方向时；直臂式，即手臂向外侧横向摆动，指尖指向前方，手臂抬至肩高，适用于指示物品所在；曲臂式，即手臂弯曲，由体侧向体前摆动，手臂高度在胸以下，适用于请人进门时；斜臂式，手臂由上向下斜伸摆动，适用于请人入座时。请来宾入座时，手势要斜向下方，首先双手将椅子向后拉开，然后一只手曲臂由前抬起，再以肘关节为轴，前臂由上向下摆动，使手臂向下成一斜线，并微笑点头示意来宾。

二、引领的站位

1. 平路引领

通常情况下，引领人员应走在被引领人的左斜前方，大致是1米左右的位置，身体面向被引领者倾斜行走，避免把后背留给对方。手语指示也并非一直保持，只在起步、有障碍物、台阶或拐弯的地方，才需提前做出明确的提示，用左手做出标准手势，并配合语言"前面左转/右转/小心台阶"等。但是，具体情况要具体分析，并不是所有的引领人员都要走在客人左前方，如右方有障碍物或容易碰头，则应把安全的一侧留给被引领人，以示照顾和尊重。

2. 楼梯引领

到楼梯口，应先停下来说："这是楼梯，请"，引导者走在栏杆一侧，让被引导者靠近墙壁一侧，始终把最安全的位置留给被引导者。上下楼梯引领的核心原则是客人的安全和舒适。在上楼梯时，应该让客人走在内侧前方，而在下楼梯时应该让客人走在内侧后方，这样做的目的是：如果客人没有站稳有摔倒的可能，我们还能在其摔下的方向进行保护。当然，引领初次到访的客人上楼梯时，也可以根据具体情况走在其前方方便引领，但应侧身在前，而非把后背留给客人。这里还有一点要特别注意，如果引领穿着裙装的女士，则应在上楼梯时走在其前方，下楼梯时走在其后方，以避免让客人担心走光。上下楼梯时，应时刻提醒注意安全。

在实际的引领过程中，有时客人可能不会按照我们理想的引领前后顺序走，这个时候不用刻意调整，只要保证安全和对方的舒适即可。因为礼仪的目的是让对方感觉舒服并且被尊重，无须生硬遵循谁在前谁在后，谁在内侧谁在外侧，引导的首要目的是到达正确的位置，其次是让被引导者在引导过程中感受到被尊重，根据我们引导的位置、距离和实际道路情况灵活决定对方的位置，不用一直纠结于我要用"左手引领"，如对方已经出现在我们的左侧，就没有必要再回到对方的左侧，只需要在对方的右侧进行引导就可以了。

3. 电梯引领

在陪同客人乘坐电梯时，首先需要牢记的是，应由引领者在电梯门外按下电梯按钮。进入电梯时，应该是客人先进还是接待方呢？这要根据具体情况，一般情况下，是接待方先进入，站于操控面板前，一只手长按打开键，一只手护住电梯门，请客人进入电梯厢的中后部。如果电梯内有专门的司控员或是已经有人站在操控面板前，那就应当请客人先进。在出电梯时，也分为两种情况：一般情况是，到达楼层后，由接待方按住打开键和电梯门，请客人先出；如果电梯内站满了人，接待方也不必拘泥于一定要请客人先出，可自行出去后转身护住电梯门，再请客人出来。

在电梯乘坐过程中，应当随时关注礼仪细节。原则上不在电梯内说话，即便要说，也应轻声细语。

单元七　乘车礼仪

◯ 案例导入

公司张总驾车带着秘书小李，去机场送客人。在送机路上，客人一直坐在副驾驶位，小李坐在后排右侧位。回来时，小李依然没有变换位置，张总很不高兴，对小李进行了严厉批评……

◯ 点　拨

正式场合里，在不同的车型中，谁坐哪儿都是有讲究的。许多职场新人因经验不足，坐错了位置，这都是不合礼仪的。

从礼仪的角度来讲，乘车可不仅仅是"坐上去"那么简单，如果坐错了位置、说了不当的话、手脚放错了地方，都会失礼。乘车礼仪主要包括座次、行为要求等。

一、座次礼仪

根据不同的车型、驾驶人员的身份，乘车座次也有所不同，但核心原则是尊重与安全，如果位高者因习俗习惯未完全按照标准的座次来乘坐，也应表示理解。

1. 小轿车

小轿车如有专业司机驾驶时，以后排右侧为首位，左侧次之，中间座位再次之，副驾驶位为末席。如果由主人亲自驾驶，以副驾驶位为首位，后排右侧次之，左侧再次之，后排中间座为末席。

主人夫妇驾车时，主人夫妇坐前排，客人夫妇坐后排，男士要为夫人服务，宜打开车门让夫人先上车，然后自己再上车。

主人亲自驾车，客人只有一位时，客人应坐在主人旁边。若有多位客人，中途坐前排的客人下车后，坐后排的客人应改坐前排，此项礼节最易疏忽。

女士上车不要一只脚先踏入车内，也不要爬进车里。需先站在座位边上，把身体降低，让臀部坐到位子上，再将双腿一起收进车里，双膝务必保持合拢姿势以免走光。

2. 吉普车

吉普车与小轿车的座次安排有一定区别。无论是主人还是司机驾车，首位都是副驾驶座，后排右侧次之，后排左侧再次之，后排中间为末位。因为吉普车底盘高，功率大，主要功能是越野，坐在后排颠簸得厉害，不宜将首位安排在后排。

3. 七座商务车

七座商务车是近年来广泛使用的车型，同样也有座次讲究。根据安全、舒适程度，其座位顺序依次为：司机后排右边靠门座位为1号位，左边靠门为2号位；最后一排最右座为3号位，最左座为4号位，中间座为5号位，副驾驶座为末席。综合来看，其座次原则为：由前向后，由右往左，离门越近，位置越高。

4. 其他车辆

如果是中巴、大巴，中间是过道，那座次原则是离门近者为主座，由前向后，由右往左，离门越近，位置越高，也就是说，司机后排靠门的位子是主座，这个位子前面通常有扶手，领导上下车也方便，安全、方便兼顾。具体到副驾驶位、司机后位、司机对角线位哪个重要，要因人而异，因时而异，最标准的做法是客人坐在哪里，哪里就是上座。所以，不必告诉对方"您坐错了"。尊重别人就是尊重别人的选择，这就是商务礼仪中"尊重为上"的原则。有一点是必须明确的，服务人员坐面包车或中巴、大巴，应坐副驾驶位或尽量往后排就座。

二、乘车的行为要求

乘坐轿车时，其一，应当恭请位高者先上车，最后下车。位低者应当最后上车，最先下车。乘坐公共汽车、火车或地铁时，通常位低者先上车，先下车。位高者后上车，后下车。这样规定的目的，同样是为了便于位低者寻找座位，照顾位高者。

其二，就座时应相互谦让。不论是乘坐何种车辆，就座时均应相互谦让。争座、抢座、不对号入座，都是非常失礼的。在相互谦让座位时，除对位高者要给予特殊礼遇之外，对待同行人中地位、身份相同者，也要以礼相让。

其三，乘车时要律己敬人。在乘坐车辆时，尤其是乘坐公共交通工具时，必须将其视为一种公共场合，自觉遵守社会公德和公共秩序。对于自己处处要严格要求，对于他人时时要友好相待。当坐在车上，要注意举止坐姿，保持车内整洁，不要在车上吸烟和吃零食；不要把污物吐出、扔出窗外；不要乱动车上的设备。关门时力度应适中，切莫太轻或太重。

乘车礼仪，方寸之间显修养。规范入座，既尊重他人也展现自我。让我们牢记这些细节，在每次出行中，用礼仪增添舒适与和谐，使旅途一路生花。

➡ 实践训练

商务洽谈接待训练

实训目标：掌握电话、微信、称呼、握手、介绍、引领、乘车等商务礼仪知识和技能，能够在未来的商务情境中表现得体。通过实践训练，增强学生的自信心和沟通能力，培养团队协作精神，使其能够更好地适应职场环境和社会交往。

实训内容：学生分为5人一组，自行设计商务洽谈接待场景，如商务出行场景，需要1位接待人员，3名客户，1位考评人员。5个人在角色扮演中，进行商务洽谈接待，并完成简单的模拟考核。实训模拟结束后，小组之间互评，小组内自评，交流心得及改进方案。

实训评价：填写商务洽谈接待训练评价表，见表4-1。

表4-1　商务洽谈接待训练评价表

日期		小组		姓名		
评价内容		评价指标	分值	自评	组评	师评
技能表现	电话礼仪	接听迅速且流程规范，表达清晰，记录精准，道别得体；拨打电话前准备充分，沟通高效	10			
	微信礼仪	文字精准规范，内容精炼，沟通方式适宜，群聊行为得当	10			
	称呼礼仪	依场合恰当称呼，展现尊重与真诚	8			
	握手礼仪	姿势、力度、时长与顺序皆准确，配合微笑问候	8			
	介绍礼仪	自我介绍出色，为他人介绍有序且语言有礼貌	8			
	引领礼仪	引领位置、手势与语言提示精准恰当	8			
	乘车礼仪	座位安排无误，车内举止符合规范	8			
团队协作	沟通交流	团队内人员积极交流，表达倾听俱佳，氛围良好	12			
	分工合作	发挥优势，主动担责，高效完成任务	14			
	协作配合	模拟场景配合默契，展现团队专业形象	14			
备注		总分100分，80分为优秀，70分为良好，60分为合格，60分以下为不合格，总分=自评（30%）+组评（30%）+师评（40%）	总分			
教师建议内容						
个人努力方向						

模块小结

本模块，我们对电话、微信、称呼、握手、介绍、引领和乘车等礼仪进行了深入学习与实践。电话礼仪让我们掌握了接听与拨打电话的规范，确保沟通高效有礼。微信礼仪规范了线上交流细节，提升沟通形象。称呼、握手、介绍礼仪使我们在人际交往中能得体地表达尊重与友好，避免尴尬。引领和乘车礼仪保障了接待场合的专业与周到，给他人留下良好印象。通过对这些礼仪的学习，我们将在今后的商务与社交活动中展现出更高的素养，促进交流与合作的顺利开展。

练习与思考

一、单选题

1. 应当由（　　）先挂断电话。
   A. 拨打电话者 B. 接听电话者
   C. 位高者   D. 位低者
2. 以下不属于微信礼仪的是（　　）。
   A. 添加微信后应主动发送个人信息 B. 应及时备注对方信息
   C. 应当及时回复对方信息   D. 最好用语音代替文字交流
3. 在传统称呼礼仪中，女婿称呼岳父为（　　）。
   A. 父亲   B. 泰山   C. 令尊   D. 令堂
4. 老师和学生见面握手时，应该由（　　）先伸手。
   A. 学生   B. 老师   C. 同时   D. 都可以
5. 长辈与晚辈经第三方介绍时，（　　）先被介绍给对方。
   A. 长辈   B. 晚辈
   C. 陪同第三方的 D. 单独出现的
6. 以下不符合引领礼仪的是（　　）。
   A. 转弯时，应有手势提示   B. 下台阶时，应有手势提示
   C. 起步时，应有手势提示   D. 全程都应有手势提示
7. 以下符合乘车礼仪的是（　　）。
   A. 车内可开窗吸烟   B. 越野车的1号位是副驾驶位
   C. 后排可开车窗扔物   D. 领导驾车时，下属坐在后排右侧

二、简答题

1. 简述称呼的三大功能。
2. 握手有哪些禁忌？
3. 引领的手臂标准动作是什么？

三、案例分析

某公司安排小张接待前来考察的重要合作伙伴。小张在机场接到客人后,握手时动作仓促,眼神游离,仅简单说"您好",未用合适职务称呼。引导客人去停车场时,走得很快,未用手势指引且频繁看手机。上车时,小张打开后座门后自己去坐副驾驶位,未给客人指引和提示。途中,他只顾与司机闲聊,无视后座客人。到达公司,进电梯时小张未等客人完全进入就关门,还自行按楼层按钮,在电梯内大声聊天。

问题:

1. 小张握手存在什么问题?对客人有何影响?
2. 乘车环节小张哪些行为不合礼仪?有何潜在影响?
3. 小张在称呼与交流上有何不当?如何改进?
4. 小张在引领客人进电梯时违反了哪些礼仪?会给对方形成什么印象?

模块五
会务礼仪

模块描述

会务礼仪是指在会议、活动等场合，参会的各类人员应遵守的礼仪规范和程序。涉及对象广泛，需要会议及活动组织者、参会者等多方人员协作努力，旨在为参会者提供优质的服务和环境，提高会议的效率和质量，展现组织者的专业性和规范性，增强参会者的信任感和满意度。同时要求会务人员具备良好的职业素养和服务意识，以及一定的组织协调和沟通能力。

通过本模块的学习，掌握会议及会场服务各环节应遵守的各项礼仪，可以更好地展示自己的职业形象和职业素养，帮助融入职场环境，提升个人形象和素质。

学习目标

能力目标

1．能运用会议及会务礼仪的规范参加各种会议和活动。
2．能运用会务礼仪知识来展示公司的形象和企业文化，提高会议和活动的整体质量和效果。
3．能运用签约、庆典和洽谈的礼仪组织安排各类仪式活动。
4．能运用各种会务知识规范自身言行，提高自身修养。

知识目标

1．掌握会议的基本流程，包括会议准备、签到、座位安排等。
2．了解不同类型会议的礼仪要求，并掌握相应的礼仪规范。
3．学习和把握各类会务礼仪的基本概念。
4．掌握组织与参会的基本礼仪，做好会议的组织准备工作，出席会议遵守礼仪规范。
5．了解签约、庆典和洽谈的准备工作和程序。

素养目标

1．能从容不迫地组织及参加各类会议、活动。
2．具备高度的职业素养和责任感，能够认真对待每一次会议，注重细节，确保会议的顺利进行。
3．具备优秀的团队协作精神和服务意识，能够与其他工作人员紧密合作，共同完成会议任务。
4．具备良好的心理素质和应变能力，能够应对各种突发状况，保持冷静和耐心。

学习内容

单元一　会议礼仪规范
单元二　会议服务礼仪
单元三　仪式礼仪

建议学时　4

单元一　会议礼仪规范

案例导入

小张在学校时就不爱参加各种活动，遇到躲不了的就到最后一排打瞌睡。毕业工作后，他发现没那么"自由自在"了。有一次，公司为了与各经销商联络感情，准备召开一次重要的商务会议，让小张负责这次会议的会务工作。小张做事马虎，凭借自己的经验主义，没有认真地考察会议的细节，结果开会当天，因为会议室太小，椅子不够，有些人只能站着开会，还挡住了别人的视线；会议室的空调也启动不了，有的人生气地走了，业务经理非常不满意，小张也觉得很没面子。

点　拨

会议是企业精神和企业形象的重要宣传途径。会场的环境应该舒适宜人，会议组织应该严谨有序、分工有序，每个人必须清楚自己工作职责的具体内容。不仅目标要清楚，更要关注很多细节，避免各种失误，避免因组织工作不周给企业形象造成影响。

一、会议的要素

会议是有组织、有领导地商议某件事情的一种活动，其目的在于讨论问题、沟通信息、统筹协调、进行决策。目前，会议已经成为人们日常工作中不可缺少的一部分，及时开展有效的会议是提高管理工作效率的重要辅助手段。总的来说，会议包含了以下四大基本要素。

1. 主办方

即会议活动的发起者和东道主，其任务主要是根据会议的目标和规划制订具体的会议实施方案，并为会议活动选择和提供必要的场所、设施和服务，确保会议正常进行。

2. 与会者

即会议代表、参加会议者。他们是会议活动中最主要的组成部分，也是会议活动主要的服务对象。

3. 议题

即会议活动所需讨论或解决问题的具体项目，它是会议活动的基本任务。

4. 议程

即会议进行时所应遵循的既定顺序，或者说是议事的执行流程。

二、会议的分类

会议根据形式和目的的不同，其办会特点和要求也不尽相同。根据不同的分类方法，可以将会议分为不同的类型。

1. 按主办单位来分

1）政府部门组织的会议。
2）企事业单位组织的会议。
3）科研院所组织的会议。
4）教学单位组织的会议。
5）专业协会组织的会议。

2. 按会议性质来分

1）法定性或制度规定性会议，如党代会、人代会、职代会、妇代会、股东大会等。
2）工作性会议，如动员大会、工作布置会、经验交流会、现场办公会、总结会、联席会、座谈会、协调会等。
3）专业性会议，如研讨会、论坛、听证会、答辩会、专题会、鉴定会等。
4）告知性会议，如表彰会、纪念会、庆祝会、庆功会、命名会等。
5）商务性会议，如招商会、订货会、贸易洽谈会、观摩会、广告推介会、促销会等。
6）联谊性会议，如茶话会、团拜会、恳谈会、宴会等。
7）信息性会议，如新闻发布会、记者招待会、报告会、咨询会等。

3. 按会议规模来分

1）小型会议：出席人数不超过100人。

2）中型会议：出席人数 100~1000 人。

3）大型会议：出席人数 1000~10000 人。

4）特大型会议：出席人数在 10000 人以上，比如，节日聚会、庆祝活动等。

4. 按会议周期来分

1）定期会议：即有固定周期，定时召开的会议。一般来说，国际会议的周期以一年居多，会期也基本固定，如联合国大会的开幕时间就定于每年 9 月。

2）不定期会议：这类会议的周期和会期根据实际情况确定，有客观需要或条件成熟便举行，必要时也可以举行临时会议、紧急会议和特别会议。

5. 按是否形成决议划分

1）正式会议：指与会各方为解决共同关心的问题，旨在形成具有法律效力的共同文件，依据事先约定的有关规则和程序而举行的会议。

2）非正式会议：非正式会议是相对于正式会议而言的，一般是指以协商、交流、宣传为目的，不形成正式的决定或决议，或者无确定的议事规则。

6. 按会议方式来分

1）常规会议：一般是指参会人员坐在同一个会场中，按照既定程序开会。

2）电话会议：是指通过电话线路，将一个会场的声音信号传送到其他会议，让多个会场的人同时听会，大大节约了时间和成本。

3）电视会议：是指通过电视台或有线电视信号将会场的声音和画面传到不同的会场，让异地会场的人有身临其境的感觉。

4）网络会议：是指利用网络技术进行会议信号的传递，由于网络具有交互性，参会的各方均可以通过网络进行发言，参与讨论。

三、组织会议的注意事项

成功的会议是一种有效的社交手段，还能增强参会者对会议组织者的印象，提升影响力和知名度。因此，会议组织中必须注意以下事项。

1）切忌为开会而开会。会议目标不明确，或会议无重要内容，只是为了完成开会任务，既消耗工作人员精力，又浪费财力。

2）参会人员切忌在会场中高声讲话，致使发言人的思绪受到扰乱。

3）会议形式切忌贪大求洋。能利用现代通信设备召开的会议，则不应集中召开大型会议。

4）切忌会议内容冗长繁杂。要围绕会议主题，删减可有可无的内容，一般性的内容可采用书面材料交流的形式。

5）工作人员切忌失职。会议开始后工作人员不见了，会议进行中的突发问题找不到人处理，会影响办会单位和办会者的形象。

6）会议结束后，办会者要将会场收拾干净，物归原位。将该下发的材料下发，最后完成会议纪要。

四、参加会议的基本礼仪

1. 主持者

会议主持者是会议的总指挥，负责落实议程、控制时间、掌控会场、完成预期的任务。凡属较正式的会议，其议程大都要事先进行认真的讨论和拟定。在会议过程中，主持者要努力做到以下几点。

1）按事先协商好的议程组织会议，努力确保会议按照既定议程进行。

2）认真掌控会议时间。在会议进行过程中要特别注意多看、多听，认真观察会议进行的情况和现场参会人员的情绪反应，及时发现问题、解决问题。要掌握好起止时间，控制好发言时间，并提前通知发言者本人。如果会议时间较长，一般应在会议中间安排一定时间的休息。

3）掌控会场气氛。主持者要根据现场情况采取一些措施，调节现场气氛，使会议保持良好的状态。一般当嘉宾出席会议发言之前，要进行适当介绍，发言人发言结束后，主持人应领头鼓掌，以带动全场听众响应。

2. 发言者

发言者是指在会议上演讲、报告、讲话的人。会议发言有正式发言和自由发言两种。前者一般是领导作报告，后者一般是讨论发言。发言时，要口齿清晰、简明扼要，掌握好语速和音量，以便会场中所有与会者都能听清。发言在给定的时间内进行，在充分发表个人见解的同时，还要注意观察与会者的反应，以便根据具体情况对内容作相应的调整。在发言中要注意以下几个事项。

1）男性发言者忌不修边幅、蓬头垢面，忌发言时戴帽子、太阳镜，或是穿风衣、披外衣。女性发言者在饰品的佩戴上切勿过分抢眼、招摇。

2）发言者的语言忌哗众取宠或晦涩枯燥，也不要无病呻吟，矫揉造作。

3）在发言时不使用任何对听众不尊重的语言、动作和表情。当发言者的观点与他人相左时，不要为了捍卫自己的观点，而同其他发言者针锋相对。

4）发言时不要拖时间。即使会议对发言时间未作规定，也应长话短说。

自由发言者则比较随意，但也应听从会议主持人的安排，注意发言的顺序和秩序，不能争抢发言；发言内容要简练，观点应明确；对持有不同意见的与会者，应求同存异，以理服人，态度要平和。

3. 与会者

一个成功的会议除了主持人、组织者科学合理的安排外，也需要与会人员的积极配合，与会人员参会时应做到以下几点。

1）接到会议通知后，做好参会准备，安排好自己的工作、时间等，预备好必要的辅助工具。

2）与会者应衣着整洁、仪表大方，不可过于随便。如果会议是在户外举行的，那么与会者应事先向会议组织者询问清楚是否可以穿着休闲服。

3）要按通知要求准时出席会议，一般应至少提前5分钟进入会场，以便有一定的时间进行个人准备，如签到、领材料等；参加外地举行的会议，按照会议规定的时间报到，熟悉会议地址、环境等。在会场里，与会者按照会议组织者的安排落座，切忌私下交头接耳、玩手机、打瞌睡等。

4）会议开始时，与会者应将手机关闭或调至静音状态。会议进行时，与会者应认真倾听报告或他人的发言，中途退场时，与会者应轻手轻脚，不要影响其他人。会议结束后，与会者要按照顺序离开会场，不要拥挤或横冲直撞。另外，与会者还应结算清楚会务费、住宿费等费用。

5）参加会议要有始有终，这是对组织者起码的尊重。万一有特殊原因需中途离去，要例行请假。必要时还需说明原因，并为此致歉。

知识拓展

小王是新应聘到公司的大学生，不习惯开会，迟到了也不在意。一天，办公室主任和小王谈起了参加会议的感受，办公室主任说，如果你知道自己可能迟到，应尽快告诉主办方，如果你对主办方很重要的话，他们会提前调整议程表。提前通知对方可以给你留一个位置，以避免打扰别人。如果你在路上堵车，要给主办方打个电话，然后尽快赶到会场。进入会场时尽量不唐突。步入会场简单道歉、就座（会议后再解释迟到原因）。不要翻动文件夹，不要与邻座窃窃私语。如果是很正式的会议，你就只能等到中间休息时再进会议室，发言者最怕中途受影响，打乱思绪。

单元二　会议服务礼仪

案例导入

公司年会召开在即，小何和同事们一起布置会场，摆放座签时，部长特意嘱咐小何："左大右小。"小何自以为明白了，先将董事长的名签放在主席台的中间位置，然后将总经理、副总经理的名签分别列其左右。不过小何摆放时，是面对着主席台摆放的，这样一来左右正好颠倒过来了。

第二天会议按时召开，就座时，总经理也没看主席台上的座签，习惯性地坐到了董事长的左侧。坐下后总经理发现面前的座签上写的不是自己的名字,他自我解嘲地笑着起身和副总经理换位置,似乎并没在意。但坐在台下的小何却浑身不自在,特别是看到部长投来的责怪的眼神,他心里真是懊悔不已。

➲ 点　拨

工作中必不可少的事情就是组织会议,而会场服务涉及很多细节,要做到事事关注,这关乎办会的质量高低。

一、会议的筹备

所谓办会,就是从事会务工作即负责从会议的筹备工作直至会议结束的一系列具体工作事宜。会议筹备阶段主要有以下几方面的工作。

1. 建立组织,明确分工

召开一个会议要有许多人参与组织和服务工作,这些人要有明确的工作任务及具体要求,各司其职。一般由大会总务处负责整个会议的组织协调工作,总务处下设会务组、接待组、后勤保卫组等服务小组。会务组负责会议的日程和人员安排,文件、简报、档案等文字性工作。接待组负责会议接待、食宿等工作,重要的会议还需设置一对一接待。后勤保卫组负责大会的后勤保障、交通、卫生、安全保卫工作。必要时还可增设其他服务小组。

2. 安排议程和议题

总务处要在会议召开前将会议要讨论、研究、决定的议题收集整理出来,列出议程表,提交领导确定。根据领导确定的议题安排日程,以保证会议有序进行。

3. 确定与会人员

确定与会人员是一项很重要的工作,需参会的一定要通知到。确定参会人员可以采用以下方法:①查找有关档案资料;②请人事部门提供资料;③征求各部门意见;④请示领导。如果准备大型会议,还要对与会人员进行分组,便于分头讨论,组织活动。

4. 发出通知

会议通知是会议组织者向与会者传递会议信息的载体,是会议组织者同与会者之间进行会前沟通的重要渠道。会议组织者应至少提前两周发出会议通知,以便与会者有时间将会议回执返回,并事先做好会议期间的工作安排。有时会议准备工作量大,可提前先发一个会议预通知,接近开会时再发正式通知。会议通知一般用书面形式,内容包括会议的名称、会议召开的时间和地点(附导向图)、会议议题或会议日程、与会人员应准备的资料、携带的东西、线路、差旅费和其他费用、会议组织者及其联络地址和电话号码、会场有无停车场和其他事项(如天气冷暖情况、有无会议资料、有无就餐安排)等内容。一般来说，会议组织者应将会议回执附在会议通知的最后一并发出，并请对方在规定时间内回复能否参加。

5. 会场的选择与布置

（1）会议地点的选择　会议组织者要选择合适的会议地点，需要综合考虑的因素包括以下几点。

1）交通要便利，本地及外地的与会者均方便前往，停车与住宿要方便。

2）会场的大小要合适，要与会议的规模相符，会场过大或过小均达不到理想的会议效果。

3）会场的基础设施要齐全，服务良好。环境要优雅，不受外界的干扰。

4）如开会时间较久，还要考虑茶歇物品的摆放位置。

5）场地租借费用要合理等。

（2）会场的布置　包括主席台的设置、座次安排、会场内花卉的陈设等方面。为了保证会议的质量，会场的整体布局要做到庄重、美观、舒适，会标要醒目、准确。大中型会议会场的布置要保证有一个绝对的中心，所以应设置主席台，突出会议的主持人和发言人。小型会议会场的布置要便于与会者相互交流，突出便捷性和高效性。会议座次安排主要包括以下三个方面。

1）主席台的座次安排。主席台既是与会者瞩目的地方，也是会场布置工作的重点。主席台的座次安排要遵循三个原则，即前排高于后排、中央高于两侧、右侧高于左侧（适用于商务活动场合）。

当主席台领导数为单数时，1号位（即主要领导）居中，2号位在1号位左手位置，3号位在1号位右手位置。1号位即中间位置的确定是关键，一般是将会场的中线确定为最中间的位置，主席台的中间位置也在此处（以桌子为参考），如图5-1所示。

⑦　⑤　③　①　②　④　⑥

图5-1　主席台座次安排图（单数）

当主席台领导数为双数时，1、2号位同时居中，2号位依然在1号位左手位置，3号位依然在1号位右手位置，如图5-2所示。

⑦　⑤　③　①　②　④　⑥　⑧

图5-2　主席台座次安排图（双数）

此外，还应注意以下惯例。

①主席台座次的编排应编制成表，先报主管领导审核，然后贴于贵宾室、休息室或主席台入口处的墙上，也可以在出席证、签到证等证件上标明。

②为了方便起见，会议主持人有时需要在前排靠边的位置就座，有时也可以在依照职务高低排好的座位就座。

③在主席台的每个座位对应的桌子上要放置座位名签。

2）发言席的位置。发言席一般可以设置于主席台的右前方或左前方，且设有专门的发言台。会议组织者也可以把发言席设置在主席台右侧最外边的一个位置，以方便发言人就座。

3）群众席的座次排列。

①大中型会议群众席的座位安排。大中型会议群众席的座次安排应根据会场的整体布局，划分出若干个大区域，并贴上标识牌、指示牌、座位名签，使与会者能顺利地入座。会议组织者也可以按照会场内的座位排号分区，计划好每个单位各占几排。

②小型会议群众席的座位安排。小型会议因为参加者较少、规模不大，一般不设置专用的主席台。面对会议室正门的位置为会议主席的座位。有时，会议主席的位置也可以依景设座，即背依室内主要景致的位置（如字画、会议条幅等）。群众席的安排应考虑与会者的就座习惯，可以在会议主席的两侧自左而右依次就座，必要时可在与会者面前的桌子上摆放座位名签，以便参会者互相了解、结识。

6. 资料准备

会议资料要简短，尽量使用图表、数字来说明问题，使与会者能一目了然。如会议资料数量较多、要求比较详细，会议组织者至少应在会议召开前一周将其发给与会者。如果会议资料比较多，会议组织者可以事先将其集中放入资料袋内，由会务工作人员在与会者报到时进行发放。如果会议资料较少，会议组织者可以在会议正式开始前发放至与会者的座位上。

7. 会议接站与会议签到

会议接站与会议签到工作组织的好坏直接关系会议组织者的形象，因此会议组织者不能马虎大意，要认真对待，以免造成不良后果。

（1）接站　会务工作人员可以在机场、车站等设立接待站，安排专人负责接站工作。接站时，会务工作人员可以手持醒目的牌子或横幅，上面要注明"××会议接待处"字样。返程之前再清点一下人数，以免漏接或错接。在车上，会务人员可以为与会者简单介绍下会议的基本情况、日程安排等。如果无人跟车的话，与会者抵达宾馆或会场后，会议组织者应有专人负责迎接，引导其报到。

（2）签到　签到既是与会者到会时的一个必要手续，也是会场管理的一项重要内容。会务工作人员应到会场的入口迎接与会者，组织与会者签到登记，然后引导与会者入座。签到的目的在于方便会议组织者及时了解到会人数，以便妥善地安排会议的各项事务和活动。

8. 车辆、餐饮安排和预算

与会者从外地过来时，需要安排车辆接送，要提前安排好接待名单和车辆。若会议需安排食宿，一般根据与会者来自的区域和民族习惯安排食宿，注意尊重有特殊要求的与会者的餐饮习惯。另外，要根据参会人员的人数、时间及会议其他耗费，本着节俭的原则，编制会议预算，以确保会议的顺利召开。

二、会中服务

在整个会议期间,办会者应注意以下礼仪规范。

1. 热情接待

会议举办期间,一般应安排专人在会议室门口负责迎送、引导、陪同与会人员。对与会的贵宾、老弱病残、孕妇、少数民族人士、宗教人士、港澳台同胞、海外华人和外国人还需重点照顾。

2. 指引服务

会上要安排专门的服务人员负责引导与会者入席、退席,供应茶水或饮料,指引与会者使用会场的相关设施,照顾与会者会间休息等。在服务期间,会务人员要熟悉场内区域座号及分区,做到引导准确无误,引导时面带微笑,用语礼貌,举止大方,手、语并用。

3. 茶水、茶歇服务

会议期间要安排专门的会务人员负责茶水、茶歇事宜,一般在会议开始前10分钟左右,就要准备好现场所有的茶水。会议中原则上每15~20分钟添加茶水一次,茶水量一般控制在八分满。服务过程中,动作要轻盈,不要挡住参会者的视线。会议时间较长或中途安排休息时应摆放茶歇,茶歇位置设在会议室就近处。一般准备饮料、点心、干果和一些应季的水果。

4. 文件分发

有些需要在会场中分发的一般性文件或资料,会务工作人员可以在每个座位上摆放一份,也可以在入场时依次分发到每位与会者的手中。如果会议分发的文件或资料需要收回,会务工作人员应在文件或资料的右上角写上收文件或资料的与会者的姓名,以便文件或资料的收回。

5. 会场内外的沟通与联系

会议服务人员一般不得随意出入会议室,同时尽量避免在会议室内随意走动,确有紧急事项,服务人员可用纸条传递信息。同时,要随时关注会议的进度,以便开展下一步工作。

> ◆ 课堂讨论
>
> 某公司有一项规定:如果参会者有残疾人,要给他们特殊的照顾。要事先了解他们的需要是否安排妥当。比如,把要用电气设备的残疾人,安排在离电源较近的位置,对于聋哑人员或有严重听力障碍者,应安排在能看见发言者的地方,或者安排手语解说员。如果参会者坐轮椅,应帮助其入座,并保证方便出入。如果有盲人

> 参加会议或与会人员视力有障碍，应准备盲文材料，或者安排旁边的人帮助解说，不要让他们受冷落。
>
> 讨论：我们可以从该公司的这项规定中学到什么。

三、会后服务

会议结束后，全部接待人员应分工明确地做好善后处理工作。

1. 人员离会

会议结束后，工作人员应及时打开通道门，站在门口，礼貌送客。

2. 会场清理

会务工作人员要收回所有应该收回的文件或资料，撤去会场上布置的会标等宣传品。如果会务工作人员发现会场有遗失的物品，应迅速与有关人员联系。

3. 处理材料

根据工作需要与有关保密制度的规定，在会议结束后应对与其有关的图文、声像材料进行细致的收集整理。该存档的存档，该销毁的销毁。严格做好保密工作，不询问、不议论、不外传会议内容和领导讲话内容。

单元三　仪式礼仪

▷ 案例导入

经过长期洽谈之后，南方某市的一家公司终于同一家跨国公司谈妥了一笔大生意。双方在达成合约之后，决定为此举行一个正式的签字仪式。

因为双方的洽谈在我国举行，所以签字仪式由中方负责。在仪式正式举行的那一天，对方差一点在正式签字之前临场变卦。原来，中方的工作人员在签字桌上摆放两国国旗时，忽略了国际惯例"以右为上"的原则，而采用了中国的"以左为上"，将中国国旗摆到了签字桌的右侧，而将对方的国旗摆到了签字桌的左侧。结果对方非常不高兴，差点拒绝签字，这场风波虽然最后得到了化解，但也给了该公司一个深刻的教训：签字仪式的礼仪不可不知道，签字仪式前的准备工作务必逐一检查。

▷ 点　拨

在商务合作中，仪式礼仪至关重要，它是对外交流的"门面"，关乎国家、企业形象，稍有差池便可能引发误解。准备各类仪式务必严谨，提前熟悉并遵循相关规则，逐一细致检查，确保仪式顺利推进。

一、签字仪式

在商务或政务交往活动中，双方经过洽谈，就某项重要交易或合作项目等达成一致，需要把谈判成果和共识用准确、规范、符合法律要求的格式和文字记载下来，经双方签字盖章后形成具有法律约束力的协议、文件。通常这一过程都要举行签字仪式。

（一）签字仪式的准备工作

1. 签字人员的确定

（1）主签人　主签人原则上是根据签字文件的性质由签约的双方各自确认的。需要注意的是，双方主签人的工作性质应基本一致，且身份应大体对等。

（2）助签人　参加签字仪式的各方应选定助签人，并安排双方的助签人负责洽谈签字仪式的相关细节。

（3）陪签人　陪签人即参加签字仪式的双方观礼人员。一般来说，陪签人基本上是双方参加洽谈的全体人员，且人数最好大体相等。

2. 待签文本的准备

待洽谈或谈判结束后，负责为签字仪式提供待签文本的主方应会同有关各方指定专人按照谈判达成的协议，做好待签文本的定稿、校对、打印等工作。对审核中发现的问题，要及时互相通报，通过修改达成一致。

待签的正式文本，应该以精美的白纸印制、装订成册。按照常规，主方应为在待签文本上正式签字的有关各方均提供一份待签文本。在签署涉外商务合同时，依照国际惯例，待签的合同文本应同时使用有关各方的法定官方语言，或使用国际上通用的英文、法文等。

3. 签字厅的布置

签字厅布置的总原则是庄重、整洁、安静。正规的签字桌应为长桌，台布颜色的选择应视各方的喜好而定，并且不是任何一方忌讳的颜色（一般签字桌铺设深绿色的台布）。按照签字仪式的礼仪规范，签字桌应当横放于室内：在签署双边性合同时，主方可以放置两张座椅作为双方主签人的座位，一般座次是主方居左、客方居右；在签署多边性合同时，主方可以仅放置一张座椅，供各方主签人在签字时轮流就座。在签署涉外商务合同时，主方还需要在签字桌上摆放相关各方的国旗。在放国旗时，其位置与顺序必须按照礼宾次序而行，双方的国旗必须摆放在己方主签人座位的正前方。

4. 签字仪式的座次排列

在正式签署待签文本时，各方签字人员对于礼遇问题均非常在意。一般而言，在举行签字仪式时，座次排列有以下三种基本形式，它们分别适用于不同的情况。

（1）并列式座次排列　并列式座次排列是举行双边签字仪式时最常见的一种形式。它的基本形式是：签字桌在室内面门横放。双方的主签人居中面门而坐，客方居右，主方居左。双方的助签人分别站立于各自一方主签人的外侧，以便随时为主签人提供帮助。双方出席签字仪式的观礼人员依照排位的高低，依次从左至右（客人）或从右至左（主人）排成一行，站立于己方主签人的身后。

（2）相对式座位排列　适用于双边签字仪式，基本形式是：主签人和助签人的座位排列与并列式的相同，但是双方出席签字仪式的观礼人员在签字桌的另一侧并排排列。

（3）主席式座次排列　主席式座次排列主要适用于多边签字仪式，它的基本形式是：签字桌在室内横放，签字席必须设在面对正门的位置，但只设一个，并且不固定就座者。各方的主签人在签字时必须依照有关各方事先商定的先后顺序依次走上签字席就座并签字，然后退回原处就座。各方的助签人应随主签人一同行动。依照"右高左低"的顺序，站立于主签人的左侧。在举行签字仪式时，所有各方人员（包括主签人在内）皆应背对正门、面向签字席就座。

（二）签字仪式的程序

签字仪式举行的时间不应太长，但其程序必须十分规范，气氛要庄重而又热烈。

1. 入场就位

签字仪式开始后，有关各方人员应先后步入签字厅，在各自既定的位置上就座，助签人站在主签人的外侧。在入场阶段，主方可以提前安排工作人员播放一段轻快柔和的音乐作为背景音乐。

2. 签署文件

主签人正式签署待签文本，通常的做法是由双方的助签人协助主签人翻揭文本，指明签字处，主签人在待签文本上签字，并由助签人将文本相互交换，再由对方的主签人在待签文本上签字。依照礼仪规范，每位主签人在己方所保留的待签文本上签字时应当名列首位。因此，每位主签人均须首先签署将由己方保存的待签文本，然后再交由对方的主签人签署。这种做法通常称为"轮换制"，它的含义是在待签文本签名的具体排列顺序上，应轮流使有关各方有机会居于首位一次，以显示机会均等，各方的地位完全平等。

3. 交换文本

交换文本就是主签人交换已经由双方正式签署好的文本。此时，各方参加签字仪式的人员应该起立并真诚地相互握手、相互祝贺。此外，双方还可以相互交换自己用过的签字笔作为纪念。

4. 礼貌退场

在退场时，主方要让双方的最高领导人和客方先行，然后己方再退场。有时，签约仪式结束后，双方可以共同接受新闻媒体的采访。

二、庆典仪式

单位有值得纪念的日子或其经营活动取得重大成就时，为了表示纪念或庆贺都可以举行庆典活动，以此来宣传本单位的形象，吸引社会公众的关注。

（一）庆典仪式的准备工作

1. 宣传工作

主办单位举办庆典仪式的主旨在于塑造本单位的良好形象，所以就要对其进行必不可少的宣传，以吸引社会各界的注意。为此，主办单位要确定庆典仪式的主题，精心策划，并进行适当的宣传。

2. 来宾邀请工作

主办单位要拟定出席庆典仪式的宾客名单。政府与部门领导、合作单位代表、同行单位代表、社区负责人、知名人士、员工代表、公众代表、媒体人士等都是主办单位在确定宾客名单时应优先考虑的对象。宾客名单确定以后，主办单位应认真书写邀请来宾的请束，由专人提前送达宾客的手中，以便对方早作安排。

3. 场地布置工作

由于庆典仪式的规模和类别不同，所以庆典仪式的举行场地既可以是主办单位所在地之外的广场，也可以是主办单位所在地之内的大厅；主办单位在举行庆典仪式时可以宾主一律站立而不设座位，也可以根据需要布置主席台或座椅。为了显示隆重与敬客，可以在来宾尤其是贵宾站立之处铺设红色的地毯，并在场地的四周悬挂横幅、标语、气球、彩带、充气装饰品等会场装饰物，以此体现出热烈隆重、张灯结彩的喜庆气氛。此外，主办单位还应当在场地醒目之处摆放来宾赠送的花篮、牌匾。来宾的签到簿、本单位的宣传材料等也需要提前准备好。

4. 接待服务工作

主办单位要安排专人负责庆典仪式当日来宾的接待工作，除了告诉本单位相关人员要热情待客、主动相助以外，更重要的是要分工负责、各尽其职。在接待贵宾时，主办单位的主要负责人要亲自出面。若来宾驾车前来，主办单位还要为来宾准备好专用的停车场、休息室。如果来宾在庆典仪式结束后当日不返程的，主办单位还需要为其安排住宿或其他活动等。

5. 礼品馈赠工作

主办单位在举行庆典仪式时赠予来宾的礼品若选择得当，必定会产生良好的效果。根据常规，主办单位向来宾赠送的礼品一要具有宣传性，可以选用本单位的产品，也可以在礼品及其包装上印上本单位的企业标志、广告用语、产品图案、庆典日期等；二要具有荣誉性，礼品要具有一定的纪念意义，能够使来宾珍视，并为之感到光荣和自豪；三要具有独特性，礼品应当与众不同，要具有本单位的鲜明特色，使人一目了然，并且过目不忘。

6. 拟定庆典程序

庆典程序一般包括来宾签到、主持人开场、介绍来宾、主办单位的领导致辞、嘉宾致贺词、剪彩等环节。为了使庆典仪式顺利进行，在进行筹备时主办单位必须认真地拟定庆典仪式的程序，事先确定致欢迎词、致贺词的人员名单。若举行剪彩、揭牌、挂牌等仪式，除了确定参加仪式的本单位负责人以外，主办单位还应确定拟邀请参加仪式的政府领导人、行业知名人士等人员名单，并事先与其进行沟通，请对方提前做好准备。

7. 准备相关资料

庆典仪式上所需的资料包括领导人的发言稿、本单位准备对外宣传的资料、图片、实物等。发言稿应言简意赅，并起到沟通感情、增进友谊的作用。若要在新闻媒体上公开发布消息，主办单位还应与新闻记者一同商议并拟定好稿件。

8. 邀请司仪与礼仪人员

必要时，主办单位可以从礼仪公司聘请专业的司仪来主持庆典仪式，一般来说，庆典仪式的签到、迎宾、引导工作，以及揭牌、挂牌、剪彩等礼仪服务工作都要由礼仪人员负责。主办单位要事先向司仪和礼仪人员交代清楚庆典仪式的程序和他们所要负责的工作，要求他们事先熟悉流程与场地，做好充分的准备。

9. 安排助兴节目

主办单位可以在庆典仪式上安排些助兴节目，如锣鼓、鞭炮礼花、舞狮舞龙、乐队演奏、民间舞蹈、歌舞节目等，以此来渲染隆重、热烈、喜庆的庆典氛围。主办单位还可以邀请来宾为企业题词以作纪念。无论是哪一种节目，主办单位都应提前协调好，做好表演的各项准备工作。

（二）庆典仪式的程序

依照常规，一般的庆典仪式主要包括以下程序。

1）来宾签到就座（或就位）。在庆典仪式开始前，主持人邀请来宾就座（或就位），出席者应保持安静。

2）主持人宣布庆典仪式正式开始，并介绍来宾。

3）主办单位的主要负责人致辞。其内容主要包括对来宾表示热烈的欢迎，介绍举办此次庆典仪式的缘由、主题、意义等，最后还要向来宾表示感谢。

4）嘉宾代表致贺词。一般来说，出席庆典仪式的上级主要领导单位、协作单位及社区关系单位均应有代表讲话或致贺词，主办单位要事先安排好来宾致辞的先后顺序。

5）宣读贺电、贺信。对于外来的贺电、贺信等，主办单位不必一一宣读，但署名单位或个人应当公布。公布时，主办单位可以依照"先来后到"的顺序或是按照具体名称的汉字笔画等进行排序。

6）举行剪彩或揭牌仪式。主持人请相关人员上台，由礼仪人员协助其完成剪彩、揭牌等。

7）其他活动。主办单位可以邀请来宾进行现场参观、联欢、座谈及欣赏文艺节目等。之后，主办单位还可以宴请来宾，以示感谢。在庆典仪式的程序中，前四项是必不可少的，后三项可以由主办单位根据庆典仪式的内容酌情安排。

三、洽谈仪式

洽谈会是指双方代表或多方代表就某些重大问题或共同关心的问题，如贸易项目、政治、经济、文化等领域的问题进行的磋商和谈判活动。

（一）洽谈会的准备工作

1. 明确目标

洽谈目标是指洽谈人员在洽谈会中想要达到的具体目标。它指明了洽谈的方向和要达到的目的，洽谈人员应当根据各方的实际情况来确定洽谈的目标层次，并考虑好不同层次的洽谈目标的先后顺序。

2. 收集信息

在洽谈之前，洽谈人员要通过各种渠道了解并分析对方的各种信息，包括现实情况、对方的背景和人员组成、谈判的底线和可能提出的条件等，以便制订相应的策略。

3. 配备人员

洽谈人员的组成应该包括精通业务、具备经济和法律知识、拥有决策权的主谈人和懂技术的专业人员，如对方是外国人，还应包括有洽谈经验的翻译人员。双方主谈人的级别应当大致相等，并有权代表本组织。

（二）组织洽谈会的礼仪

1. 布置座位

双边洽谈通常使用长方形或椭圆形的谈判桌，双方的洽谈人员要相对而坐。若长方形的谈判桌横放，按照"面门为上"的原则，客方面向正门，主方背对正门。

2. 迎送客人

在洽谈前，主方应提前到达洽谈地点。主方的接待人员和工作人员应在大门口迎候客方的相关人员，并将其引入接见厅或会谈室。洽谈活动结束后，主方应视情况将客方送至门口或车前，并与其握手道别，目送客方离去。

3. 合影留念

在合影前，主方应提前安排好合影事宜。人数较多时，主方要准备合影需要的椅子和高低错落的合影架，以便使位于后排的人高于前排的人。按照国际惯例，客方的主谈人员应在主方的主谈人员的右边，两者处在中心位置，其余人员按照身份的高低依次排列。主客双方要尽量交叉排列，两端一般应安排主方的人员。

4. 采访管理

洽谈会是否允许记者采访，何时安排记者采访，以何种方式接受采访或发布消息，洽谈各方应该在准备阶段就制订好计划，并报领导审批。在洽谈会开始前，洽谈人员可以安排几分钟的采访和摄影时间，在洽谈开始后除了特别安排的电视采访以外，一般不安排其他的采访。

（三）洽谈人员的礼仪

1. 仪表得体

洽谈会是组织和组织之间的交往，所以洽谈人员应该展现出职业、干练、有效率的形象。如果是非正式洽谈会，洽谈人员可以根据情况选择合适的着装，这样更容易拉近彼此之间的距离，有助于交流。

2. 见面礼仪得当

洽谈人员在见面时应面带微笑，用正确的称谓与对方握手问候，必要时双方还可以互换名片。洽谈人员应根据座位名签就座，或由接待人员引导入座。双方入座后可略作寒暄，在进入正题之前宜谈论一些轻松的话题，但开头的寒暄不宜太长，以免冲淡了洽谈的气氛。

3. 语言恰当

洽谈人员在洽谈的过程中要注意语言的规范性和灵活性，在洽谈中，无论出现什么情况，洽谈人员都不能使用粗鲁、污秽或具有攻击性的语言。此外，洽谈人员还应注意语言要抑扬顿挫，要避免出现吐舌挤眼、语句不连贯等情况。双方洽谈人员的语言都是用来表达各自的愿望和要求的，因此洽谈语言的针对性要强，要做到有的放矢，模糊、啰唆的语言会使对方心存疑感或感到反感。

4. 礼貌问答

在洽谈中，洽谈人员要礼貌地进行提问，问话的方式要委婉，语气要亲切平和，用词要仔细斟酌，不能把提问变成审问或责问。洽谈人员咄咄逼人的提问容易给对方以居高临下的感觉，使其产生防范心理，这样不利于双方进行洽谈。一般来说，洽谈人员提问的时机应选择在对方发言完毕之后、对方发言停顿间歇、自己发言前后及在会议议程规定的时间等进行。当对方回答问题时，洽谈人员作为提问者应耐心倾听，不能因为对方的回答没有使自己满意就随便插话或随意打断对方的话。在一般情况下，洽谈人员插话应借助一些特定的礼貌用语来进行，如"对不起，我能打断您一下吗"或"请停一下"等。如果有些问题涉及商业秘密和技术机密，被提问者应委婉地说明，避免出现令人尴尬和双方僵持的局面。

实践训练

撰写会议邀请函

实训目标：理解会议的重要性；掌握会议邀请函的基本要素；提升文字表达与排版设计能力；增强细节关注与校对能力、实践沟通与协调能力。

实训内容：某公司拟召开面向中小企业的"一带一路"研讨会,请你起草一份会议邀请函。要求：

1）列出本次会议的议题,以及准备告诉参会者的主要事项。
2）详细列出每个事项的具体内容,分小组进行。

实训评价：填写撰写会议邀请函评价表,见表5-1。

表5-1 撰写会议邀请函评价表

日期		小组		姓名		
评价项目	评价内容	评价标准	分值	自评	组评	师评
邀请函格式	是否符合正式邀请函的书写规范,包括标题、称谓、正文、结尾敬语、署名和日期等	格式规范,无明显错误	10			
议题明确性	邀请函中是否清晰列出本次会议的议题	议题明确,与会议主题紧密相关	10			
研讨内容完整性	是否列出了3~5项具体的研讨内容,且内容紧扣议题	内容全面,条理清晰	10			
会议形式描述	是否明确说明了会议的具体形式,如线上、线下、演讲、讨论等	形式描述准确,易于理解	10			
参会对象界定	是否明确界定了参会对象的范围,如中小企业负责人、市场营销专家等	对象界定清晰,符合会议目标	10			
会议时间与地点	是否准确给出了会议的具体时间和地点	时间、地点信息准确无误	5			
参加会议费用	是否详细说明了参会所需支付的费用,包括但不限于会务费、餐费等	费用说明清晰,无遗漏	5			
会议交流资料	是否提到将提供哪些会议交流资料,如会议手册、演讲PPT等	资料说明充分、齐全	5			
交通安排	是否提及接站服务和返程票预订等交通安排	交通安排周到,便于参会者出行	5			
联系地址与联系人	是否提供了详细的联系地址和联系人信息,包括电话、邮箱等	联系方式准确,便于沟通	5			
参会报名表	是否附上了参会报名表,并说明报名方式和截止日期	报名流程清晰,便于参会者报名	5			

（续）

评价项目	评价内容	评价标准	分值	自评	组评	师评
文字表达与排版	文字表达是否准确、流畅，排版是否美观、易读	表达清晰，排版合理	5			
细节关注与校对	邀请函中是否无错别字、语法错误等	校对仔细，无明显错误	5			
沟通与协调能力	在起草过程中是否与各方进行了充分沟通，并进行了适当的调整	沟通顺畅，协调能力强	10			
备注	总分100分，80分为优秀，70分为良好，60分为合格，60分以下为不合格，总分=自评（30%）+组评（30%）+师评（40%）			总分		
教师建议内容						
个人努力方向						

模块小结

商务活动中，不管是一般的工作会议，还是正式的商务会议。只要认真策划，组织有方，注意会议礼仪，就能达到宣传企业产品和服务的目的。而各种商务仪式都有其约定俗成的程序，只有按照合理的程序举行，才能扩大影响，塑造良好的企业形象。同时，商务仪式活动有媒体的介入和社会各界的关注，企业也能借此扩大影响、树立形象，起到很好的公关宣传作用。

练习与思考

一、单选题

1. 日常工作中的会议是（　　）。
   A. 有领导、有主持、研究解决问题的会议
   B. 有组织、有领导地商议事情的一种活动
   C. 由领导处理日常性、事务性工作的会议
   D. 确定目标、研究对策的一种活动
2. 下列不是根据会议性质划分的会议是（　　）。
   A. 党代会　　　B. 研讨会　　　C. 多边会议　　　D. 庆祝大会
3. 签字桌上循例最好铺设（　　）的桌布。
   A. 白色　　　B. 深红色　　　C. 浅绿色　　　D. 深绿色

二、简答题

1. 会议主办者在会议筹备阶段的主要工作有哪些？
2. 简述商务洽谈过程中洽谈人员的礼仪。
3. 简述签字仪式的座次排列。

三、案例分析

会议百态

目前，不管是何种社会组织，会议成了解决问题和推动工作的一种重要方式。但有的会议流于形式，没有实质内容；有的会议以会议落实会议精神；有的人同样的会议要参加好几次。所以，在一些会议场合可以看到参会者有交头接耳开小会的、打瞌睡的、看与会议无关的书报资料的、玩手机的、看笔记本电脑的、戴着耳机听歌的，还有一开始放个笔记本出去后就再也不回来了的，以及到吸烟室抽烟聊天的。会是开了，但会议效果大打折扣。

问题：

1. 本案例中存在哪些会议问题？
2. 从商务会务礼仪规范角度对案例"会议百态"的行为做出评价。

模块六
宴会邀请礼仪

模块描述

餐饮礼仪是指在人们参与餐饮活动时，依据一定的社会文化和风俗习惯，所形成的约定俗成的仪式和举止。它不仅涵盖了优雅的仪态、恰当的餐具使用，还包括了菜品享用的礼节等方面，这些方面都体现了对自我行为的约束和对他人的尊重。餐饮礼仪作为餐饮活动中的核心规范与准则，旨在营造融洽和谐的用餐环境，进一步促进人际的友好沟通与理解。

本模块致力于全面系统地掌握餐饮礼仪精髓，并在用餐环境中培养出卓越的应对能力和个人素养。这不仅有助于养成良好的用餐习惯，还能提升社交能力和职业素养，以便在不同场合下都能展现出专业、自信的用餐礼仪技巧。此外，学会在用餐场合中游刃有余地应对各种挑战，构建稳固和谐的人际关系，可为职业生涯与社交生活奠定坚实的基础。

学习目标

能力目标

1．能应用各种场合的入座礼仪，正确使用餐具，并优雅品尝食物。
2．用餐时能够流畅、得体地与他人交流，运用恰当的礼貌用语并选择恰当的话题。
3．灵活适应不同文化和场合的餐饮礼仪要求，展现跨文化交流的能力。

知识目标

1．深入了解并熟悉不同文化和场合下的用餐礼仪规范，增强跨文化意识。
2．精准掌握正式和非正式场合中的用餐礼仪细节，确保在不同场合中均能得体应对。
3．系统学习餐具使用的正确方法和顺序，确保用餐过程中的规范与优雅。
4．深刻理解用餐礼仪对个人形象和社交关系的重要性，提升自我修养和社交能力。

素养目标

1. 培养高雅的个人用餐素养。
2. 构建和谐的人际关系，提升社交能力。

学习内容

单元一　宴请礼仪
单元二　中餐礼仪
单元三　西餐礼仪
单元四　自助餐礼仪

建议学时　8

单元一　宴请礼仪

案例导入

《礼记·曲礼》载："共食不饱，共饭不泽手，毋抟饭，毋放饭，毋流歠，毋咤食，毋啮骨。毋反鱼肉，毋投与狗骨。毋固获，毋扬饭。饭黍毋以箸，毋嚃羹，毋刺齿。客絮羹，主人辞不能亨。客歠醢，主人辞以窭。濡肉齿决，干肉不齿决。毋嘬炙。卒食，客自前跪，彻饭齐以授相者，主人兴辞于客，然后客坐。"

这段话的意思是：大家共同进餐时，不可只顾自己吃饱，不要搓手。不要捏饭团，不能把吃过的饭放回锅里。不要大口喝汤发出声响，不要边吃边吧唧嘴，不要啃骨头发出声响，不要把夹过的鱼肉又放回盘里，不要把肉骨头扔给狗吃。不要专挑某种食物吃，也不要扬饭散热。吃黄米饭用手而不用筷子。不要不嚼就吞下肉羹，不要当众搅拌肉羹，不要当众剔牙齿，不要直接喝肉酱。如果有客人搅拌汤羹，主人要谦称自家烹煮不佳；如果客人喝肉酱，主人要推说家贫招待不周。湿软的肉可以用牙齿咬断，干肉得用手分食。吃烤肉不要狼吞虎咽。吃饭完毕，客人应起身收拾盛菜的碟子交给旁边服务的人，主人要起身婉谢客人的收拾，然后，客人再坐下。

点　拨

《礼记·曲礼》作为古代礼仪文化的瑰宝，以严谨而细致的条文形式，详尽描绘了古代用餐礼仪的行为规范。它不仅仅是一套简单的规矩，更是对主人与客人之间互动和尊重的深刻体现。在用餐过程中，强调庄重得体、谦逊有礼，彰显了对礼仪文化的敬重和传承。这些详尽的用餐礼仪规定，不仅是对个人行为的规范，更是对社会秩序的维系。通过遵循这些礼仪规范，人们能够在用餐时相互尊重、和谐共处，营造出一个融洽的社交氛围。这种和谐的社交环境，有助于促进人与人之间的交往和沟通，增进相互之间的了解和信任。

《礼记·曲礼》中的用餐礼仪也体现了古代社会的价值观和文化传统。它教导人们要尊重长辈、尊重他人，强调谦逊有礼。这些价值观和文化传统，对于现代社会依然具有重要的启示意义。通过学习和传承这些用餐礼仪，我们可以更好地理解古代社会的文化内涵，更好地践行现代社会的礼仪规范。

在社会交往中，尤其是在商务交往中，宴请不仅是一种社交活动，更是一种策略性的交流方式。宴请能使人们汇聚一堂共享美食，更能深化感情，增进友谊。所以宴请礼仪在整个商务社交礼仪中占有非常重要的地位。宴请的形式、规模、档次，以及参加的人员和邀请函都有其特定的规则和讲究，而且宴会的具体安排更是需要细致入微的考虑。

一、中餐宴请礼仪

（一）中餐宴请形式

在商务活动中，宴请是最常见的交际活动之一，各国的宴请都有自己国家或民族的特点与习惯。根据不同的宴请目的、邀请对象及经费开支等因素，可选择不同的宴请形式。每种形式的宴请，在菜肴、人数、时间、着装等方面，会有不同的要求。

常见的宴请形式有四种：宴会、工作餐、自助餐、茶会。

1. 宴会

宴会是指正规、庄重的宴请活动，是举办者为了表达敬意、谢意，或为了扩大影响等目的而专门举行的招待活动。

宴会是正餐，出席者按主人安排的席位入座进餐，由服务员按专门设计的菜单依次上菜，菜肴较丰盛。席间，主宾相互致辞、祝酒。宴会分为正式宴会和非正式宴会两种，在时间上有午宴和晚宴之分，以晚宴更为隆重和正规。

（1）正式宴会　正式宴会是一种隆重而正规的宴请。它往往精心安排在比较高档的饭店或其他特定地点，是讲究排场及气氛的大型聚餐活动。对于到场人数、穿着打扮、席位排列、菜肴数目、音乐演奏、宾主致辞等，都有十分严谨的要求和讲究。

（2）非正式宴会　非正式宴会中常见的有便宴和家宴两种形式。

1）便宴。便宴常见的有午宴、晚宴，有时候也举行早宴。便宴同样适用于正式的商务交往。便宴形式简便、灵活，并不注重规模档次。一般来说，便宴只安排相关人员参加，不邀请配偶。对穿着打扮、席位排列、菜肴数目等不做过高的要求，而且也不安排音乐演奏和宾主致辞的活动。

2）家宴。家宴是常见的一种宴请形式。它是在家里举行的宴会，相对于正式宴会而言，家宴最重要的是能产生亲切、友好、自然的气氛，使赴宴的宾主双方感觉轻松、自然、随意，彼此增进交流，加深了解和信任。

通常，家宴在礼仪上没有特殊要求。为了使来宾感受到主人的重视和友好，男女主人共同招待客人，使客人产生宾至如归的感觉。

2. 工作餐

在商务交往中具有业务关系的合作伙伴，为交换信息或洽谈合作而采用的用餐形式，意在以餐会友，创造出轻松、愉快、和睦、融洽的氛围。它是借用餐的形式继续进行的商务活动，把餐桌充当会议桌或谈判桌。工作餐一般规模较小，通常在中午举行，主人不用发正式请柬，客人不用提前向主人正式答复，时间、地点可以临时选择。出于卫生方面的考虑，最好采取分餐制或公筷制的方式。

3. 自助餐

自助餐是借鉴西方的现代用餐方式。它不排席位，也不安排统一的菜单，而是把能提供的全部主食、菜肴、酒水陈列在一起，根据用餐者的个人爱好，自行选择、享用。采取这种方式，可以节省费用，而且礼仪讲究不多，宾主都自在。在举行大型活动要招待为数众多的来宾时，这样安排用餐，是很方便的选择。

4. 茶会

茶会是一种更为简单的招待方式，通常安排在下午4时或上午10时左右举行，内设茶几、座椅。茶会上备有茶、点心和地方风味小吃，客人可以一边品尝，一边交谈。茶会不排座次，如果是为贵宾举行的活动，入座时应有意识地将主宾和主人安排在一起，其他人员可随意就座。茶会对茶叶的品种、沏茶的用水和水温及茶具都颇有讲究。茶叶的选择要照顾客人的喜好和习惯，茶具要选用陶瓷器皿，不要用热水瓶代替茶壶。欧洲人一般喝红茶，日本人喜欢乌龙茶，美国人用袋茶。

（二）中餐宴会的组织

宴会可以创造亲切、融洽的交际气氛，是商务活动中常见的聚会形式，尤其在饮食文化历史悠久的中国，它是沟通情感、加深商业合作关系的重要手段。为使宴请活动取得圆满成功，宴会前要做好如下准备工作。

1. 宴会形式的选择

1）宴会的目的多种多样，或为某个人举行，或为某件事举行。例如，庆祝节日、纪念日，迎送外宾，展会开幕、闭幕等。举办宴会的目的一定要明确，师出无名会对宴会和活动的举办者带来不良影响。

2）在确定宴会邀请对象时，主宾双方的身份应大致对等。在西方国家，宴会名义的选择体现了对客人的尊重程度，身份不匹配可能导致误解或不满。对于外宾携夫人出席的场合，主人应以夫妇名义发出邀请。在国内，可以以主办单位最高负责人或主办单位的名义发出邀请。

3）确定宴请的形式。形式的选择必须契合宴请的目的和名义。接待嘉宾，如果是官方性质或商务性质，则采用正式宴会、茶会等形式；如果是私人关系，则选择便宴、家宴比较合适。我国的宴会以中餐宴会为主。

2. 宴会时间、地点的选择

宴会的时间和地点应对主、宾双方都合适，尤其要照顾来宾一方。按国际惯例，晚宴被认为规格最高。安排宴会的时间要注意避开重要的节假日、重要的活动日、双方或一方的禁忌日。如西方客人禁忌 13 和星期五；港澳同胞禁忌 4，认为它是一个不吉利的数字。宴请活动时间和地点要与主宾商议，主宾同意后，再邀请其他宾客。

3. 宴会的邀请

向客人发出邀请的形式有很多种，有请柬、邀请信、电话等。重要宴请活动，应向客人发请柬。请柬上一般应注明宴请的主题、形式、时间、地点、主人的姓名、对服饰的要求、回复方式等内容。请柬的信封上必须清楚写明客人的姓名、职务，信封角上还要写上席次号。请柬行文不用标点符号，其中人名、单位名、节日名应尽量采用全称。请柬的内容印刷或书写均可。书写时，要求字迹清晰美观。

除了宴请临时来访人员这种时间紧促的情况，宴会请柬一般应在两三周前发出，至少应提前一周，以便客人安排时间，做好出席的准备。口头约妥的活动，仍应补送请柬，并在请柬右上方或左上方注上"备忘"字样。

4. 宴会菜单的确定

组织宴会，菜单的确定至关重要。要了解客人尤其是主宾的饮食喜好，排除个人禁忌、民族禁忌与宗教禁忌等。具体安排菜单时，既要照顾客人口味，又要体现特色与文化。具体注意事项如下。

1）拟定菜单时要注意宴请对象的喜好和禁忌，不要以主人的喜好为准。
2）应考虑开支的标准，做到丰俭得当。
3）宴会菜品应有冷有热，有荤有素，有主有次。
4）菜品以营养丰富、味道多样为原则。
5）略备些家常菜，以调剂客人口味。
6）晚宴比午宴、早宴都隆重些，所以菜的种类也应丰富一些。
7）在征求饭店同意的情况下，可以自己设计菜单，以更加适应客人的口味和宴会的需要。

二、西餐宴请礼仪

（一）西餐宴请形式

西餐宴请的形式根据不同的场合和个人喜好而有所不同，常见的西餐宴请形式有：正式晚宴、自助餐、鸡尾酒会、户外烧烤等。

1. 正式晚宴

正式晚宴是西餐中最传统和庄重的宴请形式。通常严格按照菜单的顺序进行，由餐厅或专业厨师提供服务。宾客在预定的场所内就座，餐桌上摆放着精致的餐具和装饰。用餐过程中，宾客需遵循正式的西餐礼仪，享受由多道菜肴组成的套餐，以及与之搭配的酒水。

2. 自助餐

自助餐是一种较为休闲和灵活的西餐宴请形式。宾客可以根据自己的喜好和需求自行选择和取用食物。自助餐可以提供多样的菜肴、沙拉、开胃菜和甜品等，供宾客自由搭配选择。

3. 鸡尾酒会

鸡尾酒会是一种轻松的宴请形式，宾客可以自由地在场地内活动，交流和品尝不同的小食和饮品。通常会提供一些小食和开胃菜，以及自助酒吧或现场调酒师提供的各种酒类和饮品。

4. 户外烧烤

这是一种休闲的西餐宴请形式，常常在户外场地如花园或露天空地进行。宾客可以在烧烤炉旁边自行烹饪各种肉类、蔬菜和海鲜等食物，享受放松愉悦的氛围。

以上仅为常见的西餐宴请形式，在现实生活中，宴请形式可以根据个人喜好、预算和场合的要求进行个性化定制。

（二）西餐宴会的组织

1. 宴会形式的选择

根据宴会的规模、目的和预算，可以选择不同的宴会形式。例如，正式晚宴适合正式场合和重要的庆祝活动；自助餐适合较为休闲和灵活的聚会；鸡尾酒会适合社交；户外烧烤适合在户外和放松的氛围。

2. 宴会时间、地点的选择

（1）时间的选择　宴会时间的选择应充分考虑宾客的日程安排和便利性。通常，晚上是较为常见的宴会时间，因为大多数人在白天有工作或活动。如果是正式的晚宴，可以选择稍晚的时间，以便宾客有足够的时间准备。

（2）地点的选择　选择合适的地点是成功举办宴会的关键。可以选择餐厅、宴会厅、室外场地或私人住宅等。要考虑到宴会规模和预算，选择能够容纳所有宾客并提供所需设施的场所。

3. 宴会的邀请

在邀请宾客时，可以选择传统的纸质邀请函或电子邮件邀请。邀请函的内容应包括宴会的日期、时间、地点、宴会形式、着装要求和回复方式等重要信息。确保提前发送邀请函，以便宾客有足够的时间安排和回复。

在筹备宴会时，最重要的是考虑宾客的需求和舒适度，并确保宴会的流程和细节得到妥善安排。

4. 宴会菜单的确定

正规西餐应包括汤、前菜、主菜、餐后甜品及饮品。在确定西餐菜单时，应充分考虑宾客的偏好和饮食宜忌，同时也要考虑预算。

单元二　中餐礼仪

⊃ 案例导入

小李受邀参加某高级商务宴请。这是他踏入职场后，第一次参加正式的中餐宴会，内心既激动又担忧。他认真挑选了一套适合的西装，怀揣着对美味的向往和对高端宴会的好奇，踏上了前往宴会的路程。

宴席开始，满桌佳肴让小李眼花缭乱。他突然意识到自己对中餐的用餐礼仪知之甚少。正当他不知所措时，他注意到对面的一位嘉宾正在优雅得体地用餐，于是小李暗自下定决心，要默默学习对方的餐桌礼仪。

⊃ 点　拨

中餐礼仪，一门蕴含深厚文化底蕴的学问，讲究的是细节与尊重。例如，持筷需稳，不宜在盘中胡乱翻挑；从公盘中取食时，应使用公筷。点餐时，应礼让主人先点，随后根据个人喜好适度添加。席间交谈，保持声音温和，避免喧哗，以维护和谐的用餐氛围。

在细心观察与模仿中，小李渐渐领悟了中餐礼仪的精髓。他学会了如何稳健地执筷，依序品尝每一道佳肴，更在不经意间将那份优雅与礼貌融入了自己的举止之中。这场宴会，对小李而言，不仅是一场味蕾的盛宴，更是一次深刻的文化体验与礼仪修行。

案例启示我们，在社交场合中，熟悉并践行中餐礼仪是不可或缺的社交技能。它不仅是个人素养的体现，更是对他人及文化的尊重。在餐桌上展现出的得体与礼貌，能够架起沟通的桥梁，增进人与人之间的理解与情谊。

中餐礼仪，作为中国文化的重要组成部分，深深根植于数千年的历史与传统之中。中国的饮宴礼仪，始于古代的周公时期，经过千年的传承与演进，形成了现今大家普遍接受和遵循的饮食进餐礼仪。这些礼仪不仅是对古代饮食礼制的继承，更是中国文明的独特发展和体现。饮食礼仪因宴席的性质、目的及地域文化的差异而有所不同，体现了中国饮食文化的多样性和丰富性。

一、中餐席位礼仪

中餐的席位排列，关系着来宾的身份和主人给予对方的礼遇，是一项重要的内容。中餐席位的排列可以分为桌次排列和位次排列两方面。

（一）中餐桌次排列

在中餐宴请活动中，往往采用圆桌。圆桌的排列次序有两种情况。

1. 由两桌组成的小型宴请

两桌可以分为两桌横排和两桌竖排的形式。当两桌横排时，桌次是"以右为尊"。这里所说的左右，是由面对正门的位置来确定的。当两桌竖排时，桌次讲究"以远为上"。这里所讲的远近，是以距离正门的远近而言。两桌横排、竖排如图6-1所示。

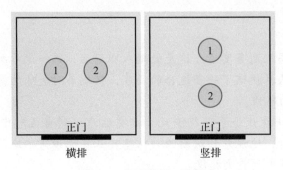

图6-1　两桌横排、竖排

2. 由三桌或三桌以上的桌数组成的宴请

在安排多桌宴请的桌次时，除了要注意"面门定位""以右为尊""以远为上"等规则外，还应兼顾其他各桌距离主桌的远近。通常，距离主桌越近，桌次越高；距离主桌越远、桌次越低。三桌横排、竖排如图6-2所示。

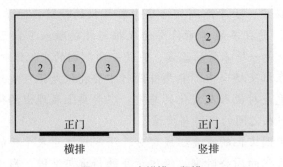

图6-2　三桌横排、竖排

在安排桌次时，餐桌的大小、形状要基本一致。除主桌可以略大外，其他餐桌都不要过大或过小。

为了确保赴宴者及时、准确地找到自己所在的桌次，可以在请柬上注明对方所在的桌次或在宴会厅入口悬挂宴会桌次排列示意图、安排引位员引导来宾就座，或者在每张餐桌上摆放桌次牌（用阿拉伯数字书写）。

（二）中餐位次排列

整个中国食礼中"英雄排座次"是最重要的一项。从古到今，因为桌具的演进，所以座位的排法也相应变化。总的来讲，座次"尚左尊东""面朝大门为尊"。家庭聚会首席为辈分最高的长者，末席为最低者；家宴首席为地位最高的客人，主人居末席。首席未落座，其他人都不能落座，首席未动筷，其他人都不能动筷，巡酒时自首席按顺序一路敬酒。

宴请时，每张餐桌上的具体位次也有主次高低的分别。排列位次的基本方法有以下几种，它们往往会同时发挥作用。

方法一：主人应面门而坐，并在主桌就座。

方法二：举行多桌宴会时，每桌都要有一位主人的代表在座。位置一般和主桌主人同向，有时也可以面向主桌主人。

方法三：各桌位次的高低，应根据距离该桌主人代表的远近而定，以近为上，以远为下。

方法四：各桌距离主人座位相同的位次，讲究以右为尊，即以该桌主人面向为准，右为高，左为低。

另外，每张餐桌上所安排的用餐人数应限制在10人以内，最好是双数。比如，6人、8人、10人。人数如果过多，不仅不容易照顾，而且过于拥挤。

根据上面4种位次的排列方法，圆桌位次的具体排列分为两种，它们都和主位有关。

第一种情况：每桌一个主位的排列方法。特点是每桌只有一名主人，主宾在主人的右首就座，每桌只有一个谈话中心。座位次序排列如图6-3所示。

第二种情况：每桌两个主位的排列方法。特点是主人夫妇在同一桌就座，以男主人为第一主人，女主人为第二主人，主宾和主宾夫人分别在男女主人右侧就座，每桌有两个谈话中心。座位次序排列如图6-4所示。

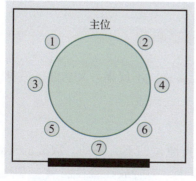

图6-3 座位次序排列之一

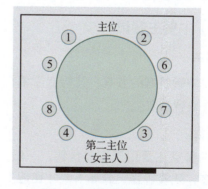

图6-4 座位次序排列之二

如果主宾身份高于主人，为表示尊重，也可以安排主宾在主人位置上坐，主人坐在主宾的位置上。

为了便于来宾准确无误地就座，除招待人员和主人要及时加以引导指示外，应在每位来宾所属座次正前方的桌面上，放置醒目的个人姓名座位卡。举行涉外宴请时，座位卡应以中、英文两种文字书写。中国的惯例是，中文在上，英文在下。必要时，座位卡的两面都书写用餐者的姓名。

排列便餐的席位时，如果需要排列桌次，可以参照中餐桌次的排列方式。位次的排列，遵循以下四个原则。

1）右高左低原则，两人一同并排就座，通常以右为上座，以左为下座。

2）中座为尊原则，三人一同就座用餐，坐在中间的人位次高于两侧的人。

3）面门为上原则，用餐的时候，按照礼仪惯例，面对正门者是上座，背对正门者是下座。

4）特殊原则，高档餐厅里，室内外往往有优美的景致或高雅的演出，供用餐者欣赏。这时候，观赏角度最好的座位是上座。在其他餐厅用餐时，通常以靠墙的位置为上座，靠过道的位置为下座。

二、中餐餐具使用礼节

学习中餐的用餐礼仪，首要的一步是深入了解中餐餐具的相关知识。这些餐具的摆放与使用，不仅仅是简单的物理动作，更承载了中华民族从古至今传承下来的餐饮文化精髓。

中餐的主餐具包括筷子、餐盘、汤碗、汤匙等；中餐的辅餐具（在用餐时发挥辅助作用的餐具）有：水杯、餐巾、湿巾、水盂、牙签等。在正式的宴会上，水杯放在菜盘上方，酒杯放在菜盘右上方，筷子与汤匙可放在专用的底座上，或放在纸套中，公用的筷子和汤匙最好放在专用的底座上。中餐餐具摆放如图 6-5 所示。

图 6-5　中餐餐具摆放

（一）中餐主餐具

1. 筷子

筷子是中餐特有的餐具，其构造简单、功能多样，不仅集刀叉功能于一身，而且具有独特的健身益智功效。

2. 餐盘

中餐的餐盘主要用于盛放食物，一般应保持原位，不宜挪动，取放的菜肴种类和数量不宜过多，残渣、骨、刺等不要吐在地上、桌上，应轻放在餐盘前端，待服务员更换餐盘。稍小一些的盘子，被称作碟子。

3. 汤碗

碗是用于盛放汤菜的，喝汤时不能端起碗，尤其是不要双手端起碗来进食。汤碗内的食物要用汤匙取用，不能用嘴吸。

4. 汤匙

用匙取食不宜过满，可在舀取食物后，在碗边停一下，待汤汁不再滴落后，再移向自己享用。

（二）中餐辅餐具

1. 水杯

主要用来盛放清水、汽水、果汁、可乐等软饮料。不要倒扣水杯，喝入口中的东西不能再吐回去（如茶叶）。

2. 餐巾

当坐在上座的人拿起餐巾后，其他人才可以取出餐巾平铺在腿上，动作要小。餐巾的主要作用是防止食物落在衣服上，不要将餐巾别在领子上或围在脖子上，只能用餐巾一角擦拭嘴唇，不能擦脸、擦餐具。如果暂时离开座位，要将餐巾叠放在椅背或椅子上。

3. 湿巾

用餐前的湿巾只能用来擦手，不可擦脸、擦嘴、擦汗。

用餐结束前，服务员会再上一块湿巾，它只能用来擦嘴。

4. 水盂（涮手指的器皿）

需要手持食物进餐时，会在餐桌上摆一个水盂，即盛放清水的水盆。可将指尖轻轻浸入水中涮一涮手指，洗手时动作不宜过大，不要乱抖乱甩。洗好后应将手置于餐桌之下，用纸巾擦干。

5. 牙签

用餐时，尽量不要当众剔牙，非剔不可时，应以另一只手掩住口部。不要长时间用嘴叼着牙签，不要用牙签扎取食物，取食水果应用叉子。

三、中餐上菜的顺序

中餐上菜的顺序大同小异。其顺序一般是：先上冷盘，接着上热菜，随后是主菜，然后上点心、汤水，最后上水果拼盘。上菜时，如果由服务员给每个人上菜，要按照先主宾、后主人，先女士、后男士的顺序或按顺时针方向依次进行。如果由个人取菜，每道热菜应放在主宾面前，由主宾按顺时针方向依次取食。切不可迫不及待地越位取菜。

四、中餐赴宴礼仪

1. 答复邀请

作为应邀的客人，在接到宴会请柬后，应尽早通过电话或书面方式答复主人，确认是否出席，并询问主人对时间、地点、服饰的要求及是否携带配偶等。一旦接受邀请，除非特殊情况，一般不宜改动。如确实无法出席，应尽早向主人解释原因并表达歉意。

2. 准时出席

准时出席是对主人的尊重，也是对其他宾客的尊重。迟到、早退或逗留时间过短，都会被视为失礼。一般来说，身份较高者可以按时到达，而其他客人则建议比约定的时间早5~10分钟到达，以便有足够的时间与主人和其他宾客寒暄交流。如遇偶发事件不能赴宴或迟到，应及时通知主人并说明原因。若与主人关系亲近，也可提前到达以协助主人做些准备。

3. 衣着得体

赴宴时，为了表达对主人和其他宾客的尊重，务必注意衣着整洁、大方得体。正式宴会，男士应着正装，女士应选择稍显华丽且得体的服装。避免穿着怪异或过于随意的服装，也不宜带着倦容赴宴。

4. 适当寒暄

到达宴会场所后，首先应向主人表示问候和感谢。若是喜庆场合，则应热烈祝贺。随后，可与其他宾客点头致意或握手寒暄。对长辈应恭敬问安，对女士要庄重有礼，对儿童则宜问名询岁，展现关爱与亲切。若是到主人的家中赴宴，可考虑携带一份小礼品作为心意表达。

五、中餐餐桌礼仪

餐桌是绝佳的沟通平台，人们喜欢在餐桌上边吃边聊，以酒为兴、以菜为媒，广交朋友，增进感情。中国自古就是礼仪之邦，餐饮礼仪自然成为礼仪的一个重要部分。细微见真谛，小节看品位，优雅就餐已成为每一个现代人的必修课。具体而言，包括以下几个方面。

（一）入席礼仪

1. 有序入席

入席就座要服从主人安排，并对其他宾客表示礼让。一般是主人陪同主宾率先在主桌落座，其他宾客按主人的安排，在领位员引导下，在安排的桌次和位次上"对号入座"。一般是身份高者、年长者、女士先入席，其他人员随后依次入席。

2. 物品存放

在饭店和宾馆举行的宴请活动，一般都设有衣帽间，主宾随身穿的大衣、外套和帽子都应存到衣帽间。女士除随身的化妆品手包和贵重物品以外，其余的物品也应存放，不宜挂在椅背上。

3. 用餐仪态

入座或离座均应从座椅的左侧进出为佳，餐桌与身体的距离保持在10~20厘米，坐姿端正。上身保持挺直，双手手腕放在桌缘或相握放在自己的腹前。身体与餐桌的距离保持一个半拳头的宽度为宜。

（二）用餐礼仪

1. 尊重食俗

任何国家的饮食习俗都有自己的传统习惯，中餐也不例外。比如，过年时，吃中餐少不了鱼，这表示"年年有余"。渔家、海员吃鱼时，忌讳将鱼翻身，因为有"翻船"之嫌。对于这类饮食习俗，应表示尊重，不要有意违反。

2. 讲究吃相

讲究吃相是用餐礼仪的一大重点。倘若不重视吃相，吃得摇头晃脑，宽衣解带，满脸油汗，汤汁横流，响声大作，不但失态欠雅，而且还会影响他人的食欲。

3. 不替他人布菜

用餐时，讲究"己所不欲，勿施于人"。可以劝菜，但切勿越俎代庖，擅自主动为他人夹菜、添饭，不仅不够卫生，而且还会让别人为难。

4. 取用适量

取菜时要注意相互礼让，依次而行，取用适量。不要只顾自己而不考虑其他人的需求，把好菜一人"包干"。

5. 不乱挑菜

夹菜时要稳、准、快，不要左顾右盼，翻来覆去，在公用的菜盘内挑挑拣拣，更不要把夹起来后发现不合心意的菜再放回去，这是失礼之举。

（三）用餐注意事项

养成良好的用餐习惯，一般应注意以下几点。

1）让长辈先动碗筷用餐，或听到长辈说："大家一块吃吧"，你再动筷，不能抢在长辈的前面。

2）咀嚼时，要闭嘴咀嚼，细嚼慢咽，这不仅有利于消化，也是餐桌上的礼仪要求。决不能张大嘴，大块往嘴里塞，狼吞虎咽，更不能在夹起饭菜时，伸长脖子，张开嘴，伸着舌头去接菜；一次不要放入太多的食物入口，不然会给人留下一副馋相和贪婪的印象。口含食物，最好不要与别人交谈，开玩笑要有节制，以免口中食物喷出来，或者呛入气管，造成危险。

3）吐骨头、鱼刺、菜渣时，要用筷子或纸巾取出来，放在自己面前的骨碟里，不能直接吐到桌面上或地面上。如果要咳嗽、打喷嚏，要用手或手帕捂住嘴，并把头向后方转。吃饭嚼到沙粒或嗓子里有痰时，要离开餐桌去卫生间吐掉。

在吃饭过程中，要尽量自己添饭，并主动给长辈添饭。遇到长辈给自己添饭时，要道谢。

六、中餐餐后礼仪

用餐结束后还要注意礼貌告别和表示感谢。

1. 礼貌告别

宴会后，不管是主人还是客人都不应马上离开，应与在座的人稍事寒暄一会儿，聊聊天、喝喝茶、吃点水果、品品咖啡等。一般吃完水果即表示宴会结束。离席后，应有礼貌地向主人握手道谢。通常是男宾先与男主人告别，女宾先与女主人告别，然后再与其他人告别，一般主宾离席后其他人再陆续告辞。如确有急事需提前退席，应向主人说明原因并致歉后悄悄离去，不必惊动太多客人，以免影响整个宴会的气氛。

2. 表示感谢

赴宴后两三天内，应致电、致信表示感谢。在通信发达的今天，可使用微信、短信等即时通信工具，以及电子邮件、电话等向主人致谢。

单元三　西餐礼仪

案例导入

吴敏所在的公司要请客人吃西餐，她被安排陪同用餐。由于是第一次吃西餐，吴敏在用餐过程中一直在效仿别人。她看到客人折餐巾，她跟着折餐巾；每上一道菜她会观察别人选用什么样的餐具；用餐时一直跟着别人进餐的节奏，用完的餐具还要学着怎么摆放，在用餐过程中忐忑不安。通过这次用餐，吴敏认识到西餐礼仪的重要性，准备利用业余时间好好学习，便于以后能轻松自如地吃西餐。

点　拨

随着全球化的进程加速，西餐在我们的日常生活中已变得日益普遍。许多人选择品尝西餐，不仅是因为其独特的格调，还因为职场中招待客人的需要。然而，由于西餐的用餐方式与中餐大相径庭，许多人对于西餐的礼节并不十分了解。

西餐礼仪是西餐文化中不可或缺的一部分，它强调得体地入座、合理地使用餐具、优雅的用餐方式等。了解和掌握这些礼仪，不仅能让我们在享受美食的同时展现自己的风度和修养，还能在社交和职场中表现得更加得体。

一、西餐席位礼仪

西餐一般使用长方桌,主人在客人出席宴会之前就已安排好席次。

席次的安排有以下几种。

1. 英式坐法(最常用)

男女主人分坐在长方桌的两端,男女主宾分别坐在女主人和男主人的右手边,其他客人应男女相隔就座。在西方人眼里,宴会是结交朋友的最好方法之一,所以应当避免让熟人坐在一起。入座时,男士应帮女士入座,即轻轻拉开右手边的椅子,在女士坐下的一瞬间再将椅子轻轻推回。座位次序排列如图 6-6 所示。

2. 法式坐法

男女主人坐在餐桌的正中,其他人员坐在餐桌两端。座位次序排列如图 6-7 所示。

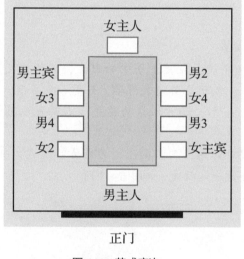

图 6-6 英式座次

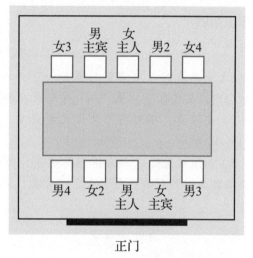

图 6-7 法式座次

3. 口字形餐桌

"口"字形餐桌适用于客人众多的宴会,此时,男女主人坐在餐桌的正中,其他座次排列同英式坐法。

二、西餐餐具使用礼节

西餐的餐具有刀、叉、匙、盘、碟、杯等。一般吃不同的菜用不同的刀叉,饮不同的酒用不同的酒杯。其摆法为:正面放主菜盘,左手边放叉,右手边放刀,主菜盘上方放匙,右上方放酒杯;餐巾放在主菜碟上或插在水杯里,也有放在餐盘左边的;面包、奶油盘放在左上方。西餐餐具的摆放如图 6-8 所示。

1. 餐刀

宴席上正确的拿刀姿势是：右手拿刀，手握住刀柄，拇指按着柄侧，食指压在柄背上。除了用大力才能切断的菜肴，或刀太钝之外，食指都不能伸到刀背上。刀是用来切割食物的，不要用刀挑起食物往嘴里送。切割食物时双肘下沉，前臂应略靠桌沿，以保持稳定。

图 6-8　西餐餐具摆放

2. 餐叉

餐叉的拿法有背侧朝上及内侧朝上两种，要视情况而定。左手拿叉，背侧朝上的拿法和餐刀一样，以食指压住柄背，其余四指握柄，食指尖端大致在柄的根部。餐叉内侧朝上时，则如铅笔拿法，以拇指、食指按在柄上，其余三指支撑于叉柄下方。在吃面条类软质食品或豌豆时，叉齿可朝上。

> **知识拓展**
>
> 刀叉的放置
>
> 1）如果在就餐中需暂时离开一下，或与人交谈，应放下手中的刀叉，刀右、叉左，刀口向内，叉齿向下，呈"八"字形放在餐盘上，表示此菜尚未用毕，如图 6-9 所示。
>
> 2）要注意，不可将刀叉交叉放置呈"十"字形，西方人认为这是令人晦气的图案，如图 6-10 所示。
>
> 3）如果吃完了，或者不想再吃了，可以刀口向内，叉齿向上，刀在右、叉在左并排放在餐盘上，就表示不再吃了，可以连刀叉带餐盘一起收走，如图 6-11 所示。
>
>
>
> 图 6-9　用餐中刀、叉的摆放　　图 6-10　忌交叉放置　　图 6-11　用餐后刀、叉的摆放

3. 餐匙

在正式场合下，西餐餐匙有多种，小的是用于咖啡和甜点的；扁平的用于涂黄油和分食蛋糕；比较大的，用来喝汤或盛碎小的食物；最大的是公匙，用于分食汤，常见于自助餐。除了喝汤、吃甜品外，绝不能用汤匙和点心匙舀取其他主食和菜品。进餐时不可将整

个汤匙放入口中,应以其前端入口。

4. 餐巾

(1)餐巾的放置　餐巾应放在胸前下摆处,或平铺到并拢的大腿上,不要将餐巾扎在领口或皮带里。正方形的餐巾应对折成等腰三角形,直角朝向膝盖方向;长方形餐巾应两边对折,然后折口向外平铺在腿上。餐巾的打开、折叠应在桌下悄然进行,不要影响他人。

(2)餐巾的用途　餐巾可以用来擦嘴(通常用内侧),但不能用其擦脸、擦汗、擦餐具。在需要剔牙或吐出嘴中的东西时,可用餐巾遮掩,以免失态。

(3)餐巾的预示　当女主人铺开餐巾时,即宣布用餐开始;当主人尤其是女主人把餐巾放到餐桌上时,意在宣告用餐结束,请各位告退;若中途暂时离席,一会儿还要继续用餐,可将餐巾放置于本人座椅的椅面上,服务员就不会撤席了。

三、西餐上菜的顺序

西餐一般按下列顺序上菜。

1. 头盘

西餐的第一道菜是头盘,也称开胃品。一般是由蔬菜、水果、海鲜、肉食组成的拼盘。

2. 汤

西餐汤与中餐汤有极大不同的是,在西餐中,汤作为第二道菜上桌。西餐的汤大致可分为清汤、奶油汤、蔬菜汤和冷汤四类。品种有牛尾清汤、各式奶油汤、海鲜汤、美式蛤蜊手打汤、意式蔬菜汤、俄式罗宋汤、法式焗葱头汤等。冷汤的品种较少,有德式冷汤、俄式冷汤等。

3. 副菜

鱼类菜肴一般作为西餐的第三道菜,也称副菜。品种包括各种淡水、海水鱼类,贝类及软体动物类。西餐吃鱼类菜肴讲究使用专用的调味汁,调味汁有鞑靼汁、荷兰汁、白奶油汁、大主教汁、美国汁和水手鱼汁等。

4. 主菜

肉、禽类菜肴是西餐的第四道菜,也称主菜。肉类菜肴的原料取自牛、羊、猪等各个部位的肉,其中最有代表性的是牛肉或牛排。牛排按部位又可分为沙朗牛排(也称西冷牛排)、菲利牛排、"T"骨型牛排、薄牛排等,其烹调方法常用烤、煎、铁扒等。肉类菜肴配用的调味汁主要有西班牙汁、浓烧汁、蘑菇汁、白尼斯汁等。

禽类菜肴的原料取自鸡、鸭、鹅,通常将兔肉和鹿肉(人工养殖)等野味也归入禽类菜肴。品种最多的是鸡,有山鸡、火鸡、竹鸡,可煮、炸、烤、焖,主要的调味汁有黄肉汁、咖喱汁、奶油汁等。

5. 蔬菜类菜肴

蔬菜类菜肴可以安排在主菜之后，也可以与主菜同时上桌，所以可以算一道菜，或称之为一种配菜。生吃的蔬菜类菜肴在西餐中称为沙拉。与主菜同时吃的沙拉，称为生蔬菜沙拉，一般用生菜、番茄、黄瓜、芦笋等制作。

还有一些蔬菜是熟食的，如西蓝花、煮菠菜、炸土豆条等，通常与主菜一同上桌，称为配菜。

6. 点心

吃过主菜后，一般要上些诸如蛋糕、饼干、吐司、三明治等西式点心。

7. 甜品

点心之后，接着上甜品，最常见的有布丁、冰激凌等。

8. 水果

吃完甜品，一般还要摆上干鲜水果。

9. 热饮

在宴会结束前，还要为用餐者提供热饮，一般为红茶或咖啡，以帮助消化。从实际情况看，西餐也在简化，比较简便的西餐菜单可以是：开胃菜、汤、主菜、甜品、咖啡。

四、西餐赴宴礼仪

1. 答复邀请

接到赴宴的邀请，应首先看清楚宴会的时间、地点、事由，以及参加人员。一般情况下都应接受邀请，这是一种礼貌，如因重要事情确实无法参加，应及时与主人联系，说明原因，婉言道歉。根据主人的邀请，一般不要再带别人参加，也不要提特殊要求，以免给主人增加麻烦。根据宴请的事由，可适当准备一些礼品。

2. 修饰仪容、仪表

在仪容上，女宾要认真梳理，并适当化妆，显出秀丽高雅的气质。男宾也要把头发和胡须整理和刮洗干净。仪表的修饰要大方得体，符合宴请的内容及气氛。下面简要介绍几种服装及适用的场合。

（1）礼服　西式礼服，男装为黑色燕尾服、扎领结；女装为拖地长裙，并配长筒薄纱手套。也可穿本民族的盛装，如我国的中山装、旗袍。目前，在隆重的宴会上，往往要求穿礼服。

（2）正装　在普通的宴会上，通常要求穿正装。在一般情况下，正装指的是深色，特别是黑色或藏蓝色的套装或套裙。需要注意的是，男装不要色彩过淡、过艳，女装切勿过短、过紧。

（3）便装　在一般的聚餐场合，可以穿便装。这里的便装是有严格界定的，即男士可穿浅色西装或仅穿单件的西装上衣；女士可以穿时装，或是以长西裤代替裙装。

3. 准时赴宴

参加宴会切记不要迟到，要按规定的时间准时赴宴，到达的时间应提前五六分钟为宜，有时请柬上会写明客人到达和宴会开始的时间，一定要按时出席。进入宴会厅，要先向主人问候致意，再向其他客人问好。进餐前要与周围的客人互相结识、交流，因为这是认识新朋友的好时机。

4. 女士优先

进入餐厅时，男士应先开门，请女士进入。如果有服务员领位，也请女士走在前面。入座时应女士优先，如果是团体活动，也请女士们走在前面。

五、西餐餐桌礼仪

1. 入席礼仪

最得体的入座方式是从左侧入座。当椅子被拉开后，身体在几乎碰到桌子的距离处站直，领位者会把椅子推进来，身体碰到后面的椅子时，就可以坐下了。用餐过程中身体要坐正，不要将两臂横放在桌上，或以肘部支撑桌面。腹部和桌子保持约一个个拳头的距离，以便使用餐具。

2. 用餐礼仪

1）进餐时，右手持餐刀，左手持餐叉，左手用餐叉按住食物，右手执餐刀将食物切成小块，左手将餐叉上的食物送入口中。使用餐刀时，刀刃不可向外。

2）每吃完一道菜，将刀叉并拢放在盘中。不用餐刀时，也可以用右手持餐叉，但若需要做手势时，就应放下刀叉，千万不可以手执刀叉在空中挥舞摇晃，也不可一手拿酒杯，另一只手拿餐叉取菜。

3）喝汤时不要发出声音，不要舔嘴唇或咂嘴，千万不能端起碗来喝，要用餐匙从里向外舀，第一次应少舀一些汤，先试一下汤的温度，如果汤太热，可稍等一会儿再喝，不要用嘴吹凉或用餐匙搅和。吃完汤菜时，将餐匙留在汤盘（碗）中，匙把指向自己。

4）吃鱼、肉等带刺或骨的菜肴时，不要直接外吐，可用餐巾捂嘴轻轻吐在餐叉上放入盘内。

5）吃面条时要用餐叉先将面条卷起，然后送入口中。

6）面包一般掰成小块送入口中，不要拿着整块面包咬；抹黄油和果酱时也要先将面包掰成小块再抹；用手撕面包时，要用餐盘接着掉下来的面包屑，切勿弄脏餐桌。

7）吃鸡腿时应先用餐刀将骨去掉，不要用手直接拿着吃。

8）吃鱼时不要将鱼翻过来，应吃完正面后，用刀叉将鱼骨剔掉后再吃另一面。吃肉时，要切一块吃一块，不能切得过大，或一次将肉都切成块。

9）吃水果时，不要拿着整个水果咬，应先用水果刀将水果切成小块，再用餐刀去掉皮、核，用水果叉叉着吃。粒状的水果如葡萄，可用手取食，将葡萄皮剥掉后送入口中，吐籽时，应拿餐巾遮一下嘴角，用手接着口中的葡萄籽，并放到盘子的一端。吃香蕉时，应先用水果刀将香蕉皮纵向割一条线，再用刀叉将皮剥开，用餐刀切一口吃一口。

3. 用餐注意事项

1）不可在餐桌边化妆，不可用餐巾擦鼻涕。用餐时打嗝是最大的禁忌，万一发生这种情况，应立即向周围的人道歉。

2）每次送入口中的食物不宜过多，吃东西时要闭嘴咀嚼，在咀嚼时不要说话。

3）对自己不愿吃的食物也应取一点在餐盘中，以示礼貌。

4）在进餐时尽量不要中途退席，如有事确需离开应向左右的客人小声打招呼。

5）饮酒干杯时，即使不喝，也应该将杯口在唇上碰一碰，以示敬意。

6）在进餐尚未全部结束时，不建议抽烟，直到上咖啡表示用餐结束时方可。如左右有女士，抽烟前应有礼貌地询问一声"可以吗？"

单元四 自助餐礼仪

案例导入

在一个阳光明媚的周末，李明与他的家人决定去一家新开的自助餐餐厅享受美食。餐厅内，各式各样的美食琳琅满目，让人目不暇接。他兴奋地穿梭于各个美食台前，不停地拿取各种食物，甚至超过了自己的食量。结果，餐桌上堆满了食物，而李明却只能品尝其中的一部分，不少美食被浪费了。家人在一旁轻声提醒他注意自助餐的礼仪，但沉浸在美食诱惑中的李明并未放在心上。

就在这时，一位细心的服务员走了过来，她面带微笑，礼貌地向李明介绍了自助餐的取餐原则与礼仪规范。服务员的话让李明恍然大悟，他意识到自己之前的行为不仅造成了食物的浪费，还可能影响了其他客人的用餐体验，甚至给餐厅带来了不必要的负担。于是，他决定改正自己的行为，以后按照礼仪来取自助餐。

点　拨

通过李明的故事，我们可以深刻体会到自助餐礼仪的重要性。在享受自助餐时，我们应注意以下几点。

首先是量力而行，避免浪费：自助餐虽提供了丰富的选择，但我们应根据自己的食量来取餐，避免拿取过多导致食物浪费。记住，自助餐的目的是让我们自由选择喜欢的食物，而非鼓励过度消费。

其次要遵循取餐顺序，注意卫生：在取餐时，我们应遵循一定的顺序，如先取冷菜、再取热菜、最后取甜品和水果。同时，使用公筷或公勺取食，避免用自己的餐具直接触碰食物，以确保卫生与安全。

最后是保持餐桌整洁，尊重他人：用餐完毕后，我们应自觉将餐具归位。保持餐桌的整洁与卫生，不仅是对自己负责，更是对其他客人和餐厅工作人员的尊重。

通过李明的故事，我们深刻认识到自助餐礼仪的重要性。只有遵守礼仪，我们才能更好地享受美食，同时也能营造一个文明、和谐的用餐氛围。

一、自助餐的特点

自助餐，通常也称冷餐会，是一种在国际上广泛流行的非正式西式宴会形式，尤其在大型的商务活动和社交聚会中备受欢迎。它的独特之处在于不设置固定的菜单和座位，而是让就餐者根据个人喜好在用餐时自行选择食物和饮料，无论是站立还是坐下，都能自由地与他人交流或独自享受美食。

自助餐礼仪是指人们在享用自助餐时应当遵循的基本规范和准则。它体现了对他人的尊重，也展现了自身的教养和风度。自助餐具有以下特点。

1. 免排座次

自助餐不固定用餐者的座位，甚至不提供专门的座椅，这使得用餐者能够自由地进行社交，免去了座位安排的烦琐。

2. 节省费用

由于自助餐主要以冷食为主，不提供高档的菜肴和酒水，因此可以大大降低主办方的成本，同时也避免了食物的浪费。

3. 各取所需

在自助餐中，每个人都可以根据自己的口味和需求选择食物，不必担心自己的选择会影响到他人，这使得用餐过程更加愉快和自在。

4. 适宜招待多人

当需要为众多人士提供饮食时，自助餐是一种非常理想的选择。它不仅能够满足不同人的口味需求，还能够营造一种轻松愉快的用餐氛围。

二、自助餐的组织

自助餐的组织，是指自助餐的主办者在筹办自助餐时的规范性操作，主要包括就餐的时间、就餐的地点、餐食的准备、客人的招待等方面。

1. 就餐的时间

在商务交往中，依照惯例，自助餐大都被安排在各种正式的商务活动之后，作为其附属的环节之一,而极少独立出来,单独成为一项活动。也就是说,商界的自助餐多见于各种正式活动之后,作为招待来宾的项目之一,而不宜以此作为一种正规的商务活动的形式。

根据惯例,自助餐的用餐时间不必严格限定。只要主人宣布用餐开始,大家即可开始就餐。用餐结束与主人打过招呼便可离开。通常,自助餐无人出面正式宣告用餐结束。

2. 就餐的地点

选择自助餐的就餐地点,大可不必如同宴会那般正式。重要的是,空间上既能容纳用餐的人,又能为其提供足够的交际空间。

按照正常的情况,自助餐安排在室内室外皆可。通常,它大多选择在主办单位所拥有的大型餐厅、露天花园内进行。有时,亦可外租、外借与此相类似的场地。

3. 餐食的准备

自助餐为就餐者提供的食物,既有共性,又有个性,其共性在于,为了便于就餐,以提供冷食为主;为了满足就餐者的不同口味,应当尽可能地使食物在品种上丰富多彩;为了方便就餐者选择,同一类型的食物应集中在一处摆放。其个性在于,在不同的时间或是款待不同的客人时,食物可在具体品种上有所侧重。有时以冷菜为主;有时以甜品为主;有时以茶点为主;有时还可以酒水为主。除此之外,还可酌情安排一些时令菜肴或特色菜肴。

一般而言,自助餐上所备的食物在品种上应当多多益善。具体来讲,一般的自助餐所供应的菜肴大致应当包括冷菜、汤品、热菜、点心、甜品、水果及酒水等几大类。

通常,常上的冷菜有沙拉、香肠、火腿、牛肉、虾松、鱼子等。常上的汤品有红菜汤、牛尾汤、玉米汤、酸辣汤、三鲜汤等。常上的热菜有炸鸡、炸鱼、烤肉、烧肉、烧鱼、土豆片等。常上的点心有面包、热狗、炒饭、蛋糕、曲奇饼、三明治、汉堡包、比萨饼等。常上的甜品有布丁、冰激凌等。常上的水果有香蕉、菠萝、西瓜、木瓜、柑橘、樱桃、葡萄、苹果等。常上的酒水有牛奶、咖啡、红茶、可乐、果汁、矿泉水、鸡尾酒等。

在准备食物时,务必要注意保证供应。同时,还须注意食物的卫生及热菜、热饮的保温问题。

4. 客人的招待

招待好客人,是自助餐主办者的责任和义务。要做到这一点,必须特别注意下列环节。

1)照顾好主宾。不论在任何情况下,主宾都是主人重要照顾的对象。自助餐上也不例外。主人在自助餐上对主宾所提供的照顾,主要表现在陪同其就餐,与其进行适当的交谈,为其引见其他客人等。只是要注意给主宾留下一点自由活动的时间,不要始终陪伴其左右。

2)充当引见者。作为一种社交活动的形式,自助餐自然要求其参加者主动进行适度的交际。在自助餐进行期间,主人一定要尽可能地为彼此互不相识的客人多创造一些相识的机会，并且积极为其牵线搭桥，充当引见者，即介绍人。应当注意的是，介绍他人相识，必须了解双方是否有此心愿，切勿一厢情愿。

3）安排服务者。安排服务人员协助客人取餐、倒饮料等，确保客人用餐愉快。同时，服务人员应保持微笑、热情周到，为客人提供良好的用餐体验。

三、自助餐就餐礼仪

所谓自助餐就餐礼仪，在此主要指以就餐者的身份参加自助餐就餐时，所遵循的礼仪规范。通常，它主要涉及以下几个方面。

1. 排队取菜

在享用自助餐时，用餐者往往成群结队而来，大家都必须自觉地维护公共秩序，讲究先来后到，排队选用食物。不允许乱挤、乱抢、乱插队，更不允许不排队。

在取菜之前，要先准备好一个食盘。轮到自己取菜时，应以公用餐具将食物装入自己的食盘之内，然后即应迅速离去。切勿在众多的食物面前犹豫再三，让身后之人久等，更不应该在取菜时挑挑拣拣，甚至用自己的餐具取菜。

2. 循序取菜

在用餐时，如果想吃饱吃好，就要先了解合理的取菜顺序。按照常识，一般自助餐取菜的先后顺序应当是：冷菜、汤、热菜、点心、甜品和水果。

3. 量力而行

享用自助餐时，面对琳琅满目的美食，特别是遇到自己钟爱的食物，确实让人忍不住想要大快朵颐。在不影响健康的前提下，尽情享受美食的乐趣是完全可以的。自助餐的魅力就在于它的自由与丰富，让食客可以根据自己的口味和喜好自由选择食物，且不限量供应。因此，在享受自助餐时，大可不必过于在意他人的眼光，只需专注于自己的味蕾，尽情享受美食即可。

4. 多次少取

在遵循"少取"原则的同时，我们还应该遵循"多次"的原则。这意味着在自助餐上，如果喜欢某种菜肴，可以多次去取，但每次应只取一小份。品尝后如果觉得合适，可以再取，直到自己满意为止。这样既可以避免一次性取用过多导致浪费，又可以确保食物的新鲜和口感。这一原则实际上是"量力而行"和"避免浪费"的另一种体现，合称为"多次少取"原则。

在选取菜肴时，最好每次只为自己选取一种，吃完后再去取用其他品种。不要一次性将多种菜肴混在一起，以免味道混杂，影响口感。

5. 避免外带

无论是主人亲自操办的自助餐还是正式餐馆经营的自助餐，都有一条不成文的规定：

自助餐只能在用餐现场享用，不允许外带。要尊重这一规定，不要将食物带回家。

6. 送回餐具

用餐者需要自助取食，同时也需要自助整理餐具。用餐结束后，要将餐具整理好并送回指定位置。这既是对自己的尊重，也是对他人和环境的尊重。在庭院或花园里享用自助餐时，更应如此。请勿随意丢弃或损坏餐具。

7. 以礼相待

在享用自助餐时，除了注意自己的举止外，还应与他人和睦相处。对于同伴要关心，对于陌生人也要以礼相待，但不要擅自为对方取食或将自己不喜欢的食物给对方。在排队、取菜、寻位等过程中要主动谦让，不要蛮横无理。

8. 积极交际

享用自助餐时，除了享受美食外，更重要的是与其他人进行交流和互动。特别是参加商业会议自助餐时，更应该积极与他人建立联系和沟通。不要只顾埋头吃而忽略了与他人交流的机会。通过积极交际，可以扩大自己的社交圈，为未来的合作和发展打下基础。

介入陌生的交际圈，大体有三种方法：其一，是请求主人或圈内人引见；其二，是寻找机会，借机加入；其三，是毛遂自荐，向别人介绍自己。不管怎么说，加入一个陌生的交际圈，总得先征得圈内人的同意。

实践训练

中餐宴会接待训练

实训目标：掌握中餐宴会接待的相关礼仪。

实训内容：以商务宴请为主题，设计一次中式商务宴会接待，计划邀请嘉宾8人。

学生分为8~10人一组，每组完成任务后，小组之间互评，小组内自评。每组发言完毕，可由评委小组打分，也可由除本组外的全班学生以举牌表示赞赏等形式评出优劣，并转化为分数。各组分数由教师计入平时成绩。教师可对各组的发言进行点评。

实训评价：填写中餐宴会接待训练评价表，见表6-1。

表6-1 中餐宴会接待训练评价表

日期		小组		姓名		
评价内容	评价指标	分值	自评	组评	师评	
实施准备	邀请函撰写是否准确	10				
	邀请函是否及时送达	10				
	座次安排是否合理	10				
	酒水准备是否充分	10				
	菜单规划是否合理	10				

（续）

评价内容	评价指标	分值	自评	组评	师评
宴会过程	座位引领是否到位	10			
	餐具摆放是否规范	10			
	上菜顺序是否合理	10			
	言谈举止是否得体	10			
宴会结束	餐后是否礼貌道别	10			
备注	总分100分，80分为优秀，70分为良好，60分为合格，60分以下为不合格，总分=自评（30%）+组评（30%）+师评（40%）	总分			
教师建议内容					
个人努力方向					

模块小结

经过本模块宴会邀请礼仪的学习，帮助认识中餐、西餐及自助餐礼仪的重要性。中餐礼仪传授了基本的餐桌技巧，培养尊重他人、注重细节、和谐共处的核心价值观，提升了职业素养与社交能力，塑造了优雅的个人品质。西餐礼仪让我们全面了解西餐文化，掌握用餐礼仪知识，对职业素养和社交能力有着积极的促进作用。此外，自助餐礼仪的学习引导用餐者熟练掌握自助餐用餐的礼仪准则，展现出优雅风范与对他人的尊重。总体而言，本模块通过全面的餐饮礼仪教育，为未来的职业生涯和社交生活奠定了坚实基础。

练习与思考

一、单选题

1. 以下不属于中餐宴请多桌桌次排列原则的是（　　）。
   A. 面门定位　　B. 以右为尊　　C. 以左为尊　　D. 以远为上
2. 以下不属于中餐常见的宴请形式的是（　　）。
   A. 宴会　　　　　　　　　B. 工作餐
   C. 茶会　　　　　　　　　D. 户外烧烤
3. 西餐的第一道菜是（　　）。
   A. 头盘　　　　B. 汤　　　　C. 副菜　　　　D. 点心

4. 以下不属于西餐餐具的是（　　）。
   A. 黄油刀　　B. 鱼刀　　C. 鱼叉　　D. 筷子
5. 在自助餐餐厅中，当你想要尝试多种食物但又担心浪费时，应该（　　）。
   A. 每种食物都大量取用，以便品尝更多口味
   B. 先少量取用，品尝后根据需要再添加
   C. 只取自己最喜欢的食物，其他都不尝试
   D. 让服务员帮你每样都取一些，避免自己取错
6. 在自助餐取餐区，你很喜欢一种食物，但旁边没有提供公筷或公勺，你应该（　　）。
   A. 直接用自己的筷子夹取
   B. 向服务员要求提供公筷或公勺
   C. 放弃取用这种食物
   D. 用手直接抓取

二、简答题

1. 常见的西餐宴请形式有哪些？
2. 西餐席位的排列有几种？
3. 自助餐具有哪些特点？

三、案例分析

案例 1

某公司为了展现公司的形象和员工的专业素养，特别重视用餐礼仪。某次公司年会，在用餐环节，小王作为公司员工代表，被安排陪同一位重要客户用餐。在用餐过程中，小王主动为客人介绍菜品的特色和寓意，适时为客人斟茶、倒酒。注意保持优雅的仪态，不大声喧哗或随意插话。为表热情，在用餐过程中小王不时为客人添菜、敬酒。

问题：请分析此案例中哪些细节影响了客人的用餐体验和公司的形象。

案例 2

刘女士代表公司参加外资企业周年庆典，庆典后去吃自助餐。刘女士虽无吃自助餐经验，但见他人表现随意，便也轻松融入。取餐时，她发现自己喜爱的虾蟹，便盛了满满一盘，想避免多次取食显尴尬，且担心食物被抢光。但回座时，周围人投来异样目光。事后她才得知，自己的行为违反了自助餐礼仪。

问题：请问刘女士失礼在哪？

模块七
服务礼仪

模块描述

服务礼仪旨在帮助培养良好的服务工作习惯，提升言谈、举止、行为等服务礼仪技巧。通过本模块的学习，掌握相关知识、培养必要能力和塑造良好素养，能够在服务环境中更加自如地应对各种情境要求，并与他人建立和谐的人际关系。

学习目标

能力目标

1. 能在不同的文化和场合下正确应用服务礼仪规范。
2. 能够运用服务礼仪知识，分析并解决实际生活中的问题。
3. 通过小组讨论、角色扮演等形式，提升团队协作与沟通表达能力。

知识目标

1. 理解服务礼仪的基本概念，掌握各层级的含义与作用。
2. 能够描述服务礼仪在不同场合的应用，并了解其重要性。
3. 掌握七步服务流程。

素养目标

1. 培养良好的社交素养和自我管理能力。
2. 增强对他人、对环境的尊重和关注。
3. 培养团队合作和分享的意识，主动帮助他人。
4. 塑造良好的个人形象，展现自信和专业素养。

学习内容

单元一　服务礼仪概述

职业形象塑造

单元二　服务形象
单元三　七步服务流程

建议学时　6

单元一　服务礼仪概述

● 案例导入

孙先生来到一家咖啡厅，服务人员立即迎了上来，热情地问候："先生下午好！里面请。"孙先生看了一眼服务员，微笑了一下，继续往里走，挑了一个靠窗的位置坐了下来。服务人员拿着菜单走了过来，微笑着询问："先生您看要点儿什么吗？是用餐还是饮品？"孙先生抬头回应说："先不点吧，我等人。"服务人员微笑着说："好的，那您需要点餐随时叫我。"然后轻轻地转身离开。孙先生打开手机跟朋友联系，看朋友什么时候过来。这时服务人员走过来，手里端着一杯水，微笑着放在孙先生的桌子上说："先生，给您倒了一杯柠檬水，您请慢用！如果您有需要，请随时叫我。"孙先生看了一眼服务人员转身离去的背影，微微笑了一下。朋友大概还要半小时才到，他转头看到墙边的书架上放着几本杂志，正准备去拿一本来看，服务人员这时候抱着几本杂志走过来双手递给他，说："先生，看您朋友还没来，不知道您是不是对最新的财经杂志感兴趣。一看您就是成功人士，我们咖啡厅经常接待像您这样的成功人士，也会特地为你们准备最新的相关财经杂志。"孙先生听了心里挺开心，自己在事业上确实做得还不错，今天下午也是想约客户过来洽谈业务合作的事。服务人员放下杂志继续对孙先生说："您先看着，您要是需要点单的话请随时叫我。"孙先生听到这儿，笑着跟服务人员说："那帮我来一杯美式吧。"

● 点　拨

孙先生本来只是等人，暂时还没有打算点单。但服务人员热情服务，每次都微笑着与他交流，并去满足他每一次尚未开口的小需求，孙先生被服务人员的细心和真诚所打动，最终提前点单消费。

一、服务的概念

服务是指为满足顾客的需要，供方与顾客接触的活动和供方内部活动所产生的结果。

服务，曾经在很长时间里是产品的附加品。但随着时间的推移和发展，我们看到了社会的变化，也看到产业竞争的变化。例如，银行业在20世纪90年代，人们进银行只为存钱、取钱或办理一些简单的业务，并未看到太多服务，服务成了业务的附加品。随着时代的发展，在21世纪初期，银行的客户们开始发现银行产品的同质化，产品的竞争不再成为各大银行之间的优势。为了提高同业竞争力，银行的服务业务开始发生变化，一是产品变得丰富，出现了金融理财等产品；二是银行的厅堂环境变得明亮和舒适。客户可以在各家银行中挑选更舒适的环境、更丰富的产品，银行业服务的领域扩大化，从产品的竞争升级为服务和环境的竞争。随着外资银行的进入，各大银行均在环境的打造、产品的丰富方面花了不少心思。但这种同质化同样会带来竞争的压力。在这样的市场环境中，为了获得更多的客户，占有更多的市场份额，服务的竞争逐渐白热化，优质服务、特色服务、惊喜服务层出不穷。近年来，银行业出现的"创百佳""创千佳""星级网点打造"体现了银行业对品质服务的不断追求。服务已然成为银行业竞争的核心。

在现代人眼中，服务已然是商品价值的一部分。正如我们去咖啡店买一杯咖啡，购买的不只是一杯咖啡，还包括了厅堂的环境、服务人员的态度、咖啡的品牌文化等。企业的成功来源于客户的消费，客户购买的欲望取决于客户体验，也就是"客户满意度"。客户满意度取决于能对客户的期望值给予何种程度的回应，即所谓的达成度。服务，便是让达成度提高、客户满意度提升的关键所在。

二、服务的价值

优质的服务为企业带来的是丰厚的利润和良好的品牌声誉。企业的成功源于顾客满意度和忠诚度。反之亦然，如果满足不了顾客的期望，就别指望在激烈的市场竞争中生存。

现代社会的任何行业都是服务业。无论是餐饮还是航空、银行，甚至制造业。越来越多的企业都看到了服务带来的价值，产业竞争从"产品转向服务"。

譬如计算机产品，各厂家之间竞争激烈。计算机的操作系统大多数采用Windows操作系统，必要的性能和主要的运行程序也差不多，使用的零部件也基本相同，计算机的性能也几乎大同小异，就算是一流生产商的产品，其质量与其他生产商也没有太大差别。但是，各厂家提供的售后服务却大相径庭。在维护售后服务方面，有的厂家提供当天上门服务；部分厂家只提供邮寄修理服务，顾客将计算机寄回厂家再邮寄回顾客的过程也需要花费一定的时间；有些厂家提供24小时免费技术支持；也有一些厂家提供夜间技术支持，但需要支付额外的服务费。

购买计算机选择的厂家不同，所能享受到的服务就不同，这已经成为计算机销售差距的焦点。今后，不仅是售后维修、技术支持，就连计算机的资产管理、搭载在计算机上程序的管理，以及各种安全软件的服务等也会成为一般性的服务项目。从这些计算机龙头企业不断提高服务质量的历程说明：今后只有着眼于服务的企业才更有可能取得成功。

同时，服务越来越受到重视也是因为服务更容易获得"无形利润"。例如，售后维修服务，顾客使用硬件产品期间，基于服务合同，每年都会给服务企业带来利润。在行情不稳定的今天，企业必定会从积累营业额的"有形利润"，转向挖掘服务的"无形利润"。

比尔·盖茨曾说过:"微软以后20%的利润将来自产品本身,而80%的利润将来自产品销售后的各种升级、换代、咨询、维修等服务。"由此可见,服务在市场竞争中举足轻重。层出不穷的服务项目、各具特色的服务环境、不断提升的服务态度,目的都是为了满足客户不断提升的需求。换个角度,作为顾客,我们其实也不难发现自己的很多消费行为都是感性消费。比如,我们常去的那家银行,接待我们的那位大堂经理和蔼可亲,或者理财经理推荐产品的时候专业耐心,我们可能就会一直光顾。再比如,我们可能会因为一家咖啡店的装修很特别、广告语很吸引人而走进这家咖啡店;进去之后,热情的笑脸和专业的推荐,以及那杯喝上去还不错的咖啡,可能就会让我们念念不忘,就算转几个街角也要再次光顾。

最初的一次光顾,我们可能仅仅因为别人推荐或偶尔走入,但后来持续的光顾,就是因为第一次的服务满足或超出了我们的期待,从而产生消费依赖。由此看到,服务的本质就是满足客户的需求。而在满足需求的同时,服务也会产生价值。

1)好的服务可以树立和巩固品牌形象,增加品牌价值。
2)好的服务有利于创造良好的口碑,好口碑有利于争取新顾客和维护老顾客。
3)好的服务可以发现和挖掘市场潜力,充分利用现有的商品,最大限度地占领市场。
4)好的服务本身就是企业的利润增长点。在企业的经营管理中,要以服务为核心,围绕服务开展经营管理工作;从服务中找到产品的设计、生产、管理和销售的新思路。

知识拓展

海底捞从仅有四张桌子的小店起步,一路成长为全球市场份额居首的中式餐饮企业。2024年,海底捞迎来30岁生日。此时海底捞开设了1374家门店,拥有1.5亿会员,超400亿营收。

海底捞最早起源于创始人张勇在四川简阳的路边支起四张小桌子卖麻辣烫的小店。刚开业时,张勇不会炒料,他就左手拿书,右手炒料,迎来了第一拨客人,张勇团队四个人可谓热情似火,关怀备至。在客人吃完后,又给客人赠送了一盘点心;结账时,张勇主动给客人优惠了10元钱。客人走时一致评价:味道真不错!张勇很纳闷,边学边炒的火锅料,评价会这么高?他尝了尝客人剩下的火锅。汤一入口,味道太苦,难以下咽,是因为中药材放多了。这时候他明白了,客人是被他们的热情服务所打动的,弥补了味道上的不足。从此之后,他深信一个道理:实力大小固然是关键,但却不是最重要的,最重要的是服务。他开始制订征服客人的法宝:服务必须要好,态度必须要好,速度必须要快!客人有不满意的地方,赔礼道歉一定要诚恳!

张勇发现,优质的服务确实能带来不少回头客,这让他服务得更加卖力了。他开始主动帮客人拎包、带孩子,甚至擦鞋……总之,无论客人有何需求,只要能办到的,他从来不会说一个"不"字,总是尽量一一满足,争取做到最好。海底捞的服务在业内出了名,也促使了其他餐饮企业提高服务质量。

三、服务的层级

酒店原本只是一个喝酒的地方,但后来到酒店来喝酒的顾客提出还要吃饭,所以就有了餐饮业务;吃好饭喝好酒,有的顾客喝多了回不去,于是,酒店就开始提供住宿的服务;再后来,又有客户来酒店是为了开会,于是,酒店又开发了会务服务。所有的服务,不能固步不前,只有不断地适应客户的要求,不断满足客户的需求,不断创新,才可能有更多的发展。

服务的目标是不断满足客户的需求,客户的需求也在不断提升。在思考客户需求的时候,马斯洛的需求五层次理论是一个非常好的参考。吃饭睡觉等基本需求获得满足后,安全的需求也会产生,进而产生归属需求,以及尊重需求,最后则要满足自我实现的需求。在深入思考服务时,这个理论能够带给我们一些启发和思考。

◆ **课堂讨论**

李大叔走进一家银行,他看见门口有广告,写着理财产品高达 5.17% 的利率,但是又担心是否是 P2P(P2P 是 Peer to Peer 的缩写,是指互联网金融点对点借贷平台)业务,所以,他带着疑惑走进银行大门。一进门,大堂经理就迎上来亲切地问道:"先生您好呀,您要办理什么业务呀?"李大叔看了她一下,回答说"你们门口的这个 5.17% 的利率,是不是真的呀?"大堂经理回复说:"先生是想来咨询一下理财产品是吗?您要不要进来了解一下?这是我们产品的介绍,真不真呀,您了解了之后再判断。您要不要看一看?"大堂经理双手递上一份产品介绍。看李大叔接过产品介绍,大堂经理继续说道:"先生,您今天如果有时间,我可以帮您拿个号,我们有专业的理财经理,可以帮您详细解答一下。这样您就会更清楚了。您要不要拿个号?"

本来李大叔只是经过,只打算进来随便问问的。但看到大堂经理这么热情,就取了个号,了解一下这个产品。后来在理财经理的解释下,李大叔对产品有了进一步的了解,不但购买了这款理财产品,而且还将其他银行存的钱转到这家银行,并在理财经理的专业财务配置建议下进行了相应的财产配置。

讨论:该银行经理的服务给你带来了什么启发?

顾客在消费过程中,需要的既有产品,又有服务,但并不是所有企业提供的服务都是一样的。一般来讲服务分为如下四个层级。

1. 第一层级——基本服务

基本服务是指客户的基本利益得到满足。对于顾客来说,进入一家服务机构,希望得到相应的服务。而这些基本服务仅可以满足他们的基本需求,比如,吃饭、睡觉、存钱、购物等。基本服务就是按行业和企业的规范和标准向客户提供的最基础的服务,客户认为这是企业必须做到的。它仅仅是一种简单交易，比如，你走进一家便利店，买了100元商品，与商家互不相欠，这就是基本服务。

基本服务包含规范的服务流程及流程中应该有的过程。比如，我们走进一家银行，银行大堂经理会上前说："您好，欢迎光临，请问您需要办理什么业务？"接着指引你到柜台办理业务，柜员会用规范的语言说："请输入密码""请核对信息""请问您还需要办理其他业务吗？""请带齐您的随身物品"等，上述这些服务言行就是基本服务。因为在各个银行中，所有工作人员都是这样服务的，客户认为这是应该的。所以我们常说标准化和规范化仅仅是最基本的服务。并不是每位顾客都只满足于这个层面的基本需求。

我们发现，在这个过程中，如果只单纯满足顾客这个层级的需要，他下次可能便不再光顾了。

2. 第二层级——满意服务

满意服务就是提供服务的商家态度友善，使客户得到精神方面的满足。比如，顾客去超市购物，超市的服务人员嘘寒问暖、热情接待、语气友善、态度礼貌，这就是满意服务。

企业要想具有战略上的竞争力，有两种途径：一是低成本；二是差异化。差异化意味着满足客户更高层面的需求。在接待顾客的过程中，会注重顾客的体验和感受，亲切热情地接待，满足顾客的心理需求，在顾客提出个性化需求时，我们也会想办法为其解决和提供，这会为顾客带来更多的满足感。这也就是我们所说的第二层级的服务：满意服务。

服务的水准线至少应该是满意服务，优质的服务不但要满足客户的基本需求，还要满足客户精神上的需求。

3. 第三层级——超值服务

超值服务是指具有附加值的服务，指那些可提供可不提供，但是提供了之后能够使客户更加满意，觉得有更大收获的服务。

超值服务就是向消费者提供超越其心理期待的满意服务。

服务中力所能及地让客户感受到超值，比如，站在顾客立场上，给顾客提供咨询服务；主动为顾客提供其所需要的额外的信息；注重感情投资，逢年过节寄卡片、赠送小礼品等；主动向顾客寻求信息反馈并提供所需的服务；实实在在地替顾客做一些延伸服务，使顾客不由自主地体会到所接受服务的"超值"；在业务和道德允许的范围内，为顾客提供一些办理私人事务的方便等行为，这样的服务在客户眼里就是物超所值。提供的服务给客户带来的超值感，是在原本期待之外的，客户满意度会达到第三层级。

4. 第四层级——难忘服务

难忘服务是客户根本没有想到，远远超出他预料的服务。

在客户服务中，真正打动顾客的，是他没想到或是认为不可能做到，企业却为他想到并为他做到了的服务。这样的服务能给客户带来惊喜和感动，从而打动客户，让客户记忆良久，难以忘怀。

◆ **课堂讨论**

　　讲到酒店行业，就一定会提到丽兹卡尔顿酒店，这家酒店以服务而全球闻名。秦女士某次在香港入住丽兹卡尔顿酒店，酒店的床上摆放了四个不同的枕头，分别是高的硬枕、软枕，低的硬枕、软枕，因个人习惯连续两晚秦小姐睡的都是软的低枕。当她半年后再次入住新加坡的丽兹卡尔顿酒店时，自从进入酒店，每一位员工都能认出她，并以姓氏称呼，进到房间，她更是惊奇地发现，床上正是她喜欢的低的软枕。她不由得赞叹这家酒店的细致和对客户的用心。傍晚，她去一楼等朋友，顺便逛了一下酒店的店铺，走到一个精致的礼金袋前，她不由得被礼金袋的别致所吸引，多看了几眼。正巧朋友的电话打过来，她就离开了店铺。没想到的是，第二天退房的时候，酒店经理拿着一个小礼袋走过来，跟她说："秦女士，昨天看到您对这个礼金袋有兴趣，冒昧猜想您可能会喜欢。今天将这个送给您，谢谢您对我们酒店一直以来的支持！"秦女士打开一看，正是昨天看中的那个礼金袋。这就是丽兹卡尔顿，全球闻名定有原因。

　　讨论：丽兹卡尔顿酒店的做法对应哪个服务层级？

　　关注客户的需求，就要从客户体验和感受出发，在客户开口之前，创造一个个惊喜服务。一次的惊喜创造的是一次的感受，一连串的惊喜将改变事物的性质。好的企业，会一次次创造难忘服务，而好的服务不能只靠一个员工，每位员工都要找到客户需要被关注的点然后为客户提供令人惊喜的服务。

四、服务的特征

　　服务不是一件容易的事情。想要做好服务，我们首先需要了解服务的特征。服务具有如下四个特征。

　　1）服务是无形的。

　　2）服务的生产和消费是同时发生的。

　　3）服务对个别化的要求很强。

　　4）很多情况下要与顾客一起生产服务。

　　就像顾客去一家餐厅吃饭，顾客购买的是餐厅的餐食。但从进餐厅门开始到美食吃进嘴，还得经历进门、落座、点菜、上菜、餐中服务等。这一系列的服务活动中，消费与服务同时存在，不同的客户需求不一样，客户的性格不一样，服务人员的服务方式和沟通方式也会不一样，在互动中完成选座入座、点菜、上菜等过程。这个过程中，没有服务，餐食就无法让客户满意。服务不仅是工作中的必备要素，也是提升客户满意度不可或缺的部分。

单元二 服务形象

案例导入

随着信息技术的迅猛发展,"智慧地球""智慧城市""智慧交通"等概念如雨后春笋般大量涌现,银行金融服务如何实现"智慧化"转型,如何面对新兴互联网金融的挑战,已成为全球商业银行都面临的重要课题与挑战。近年来,各家银行纷纷创新图变,布局智慧网点,努力"提升效率、改善体验、优化服务",角力新型网点发展的新蓝海。中信银行是最早加入这场"无硝烟战争"的银行之一。进入中信银行的智慧网点,入口处自助银行区大面积的中信红企业形象色,给来到网点的客户以强烈的视觉冲击力和记忆力,网点一层大众客户区均以中信红为主装饰基调,配以白色墙、白色地面及白色灯光效果,塑造出现代、简洁、明亮且具有鲜明中信银行品牌特征的环境风格。中信银行在网点装饰中运用了较多的布艺、铝板、亚克力等新型环保材质,在装饰的同时,有效降低了环境噪声和光污染,给客户以恬静、私密、温馨的沟通交流环境。

迎面而来的大堂经理着装整齐规范、衣服熨烫整洁、工牌工整佩戴、头发一丝不乱、妆容精致,手拿着工作PAD,满面春风,热情招呼。看到这一幕,你会不会被眼前的情景所感染,有兴趣来体验一下他们的"智慧服务"?

点 拨

在社会公众的印象中,银行一直是庄重、严肃的场所。而中信银行智慧网点通过现代、时尚、舒适的设计,打破客户对传统银行的认知,在网点不仅可以办理金融业务,还可以喝咖啡、吃甜点、打游戏等。也许在未来,去银行坐坐也会像去咖啡馆休闲一样平常。中信银行智慧网点秉承"生活处处离不开金融"的理念,在网点内引入中信书屋、咖啡吧、甜品区、儿童游戏区等生活化区域,同时,还引入旅游、教育、医疗等非金融机构合作伙伴,为客户一站式解决多种问题,打造更加完整的生活金融圈,助力客户的幸福生活。

一、服务形象概述

试想,当我们走进一家饭店,走过来的服务人员头发凌乱、衣服上隐约还带着污渍,你一定会有所迟疑;当服务人员对你微笑并递上菜单,你无意中看见他发黄的牙齿、掉在前额的一缕长发及右手小指头上留着的长指甲,我想,你应该没有在这家店继续坐下去的勇气了吧……

是的,在服务中,客户一进门看到店面的整体印象,看到服务人员的形象,立马就会在脑海中产生一个主观评价，从而影响接下来彼此之间的交往。这就是心理学中常提到的"首因效应"。首因效应是指当人们第一次认知客体时在大脑中留下的第一印象。心理学家研究发现，第一印象会直接影响接下来的交往。只有建立良好的第一印象，才能开始第二步。

第一印象如何塑造？又包含哪些内容呢？大家一定听过一个理论"73855 法则"。这是由美国心理学教授艾伯特·麦拉宾（Albert Mehrabian）在 20 世纪 70 年代提出来的，所以又叫麦拉宾法则。人际交往中，有 7% 是指谈话的内容，38% 是指谈话的语音语调，55% 是指可视化的形象。人与人在交往之初，对第一印象形成影响的因素有哪些呢？我们试着在脑海里回想一下第一次见到的某人，可能是应聘时来面试你的上级，可能是相亲的对象，可能是合作伙伴，当时你对他产生第一印象的时间是多久呢？只有 3~15 秒，这个短短的时间你就会产生第一印象。你看到对方的服装、发型妆容、表情动作、谈吐表达等，就会对他产生一个初步印象。换句话来说，就是第一印象来自"音容笑貌""言行举止"。所以，在人际交往中，我们不可忽视的，是我们经常提到的仪容、仪表、仪态。这些行为举止的背后，就是一个人的身份、态度、素养、教养等。

仪容是指人的容貌，仪表是指人的服饰，仪态是指人的举止行为。在服务中，也需要用心管理好自己的形象，仪容整洁、仪表规范、仪态端庄，树立良好的职业形象，让客户放心、信任。

二、服务形象要求

绝大多数服务企业都有自己规范统一的标准制服。企业要求服务人员规范穿着，统一妆容与发型，干净无污渍、整洁无破损。服务人员的形象标准不能以自我审美和自我意识为准。有的服务人员可能会说自己行业的制服不好看，不愿意穿，或者将制服修改成自己喜欢的样子。殊不知服务人员整齐统一的穿着与修饰，既是职业素养，同时也会带给客户规范管理的安全感，并给客户带来统一协调的美感。就如同我们在欣赏一场群舞，舞台服装并不一定适合每一位舞者的个人特征，但整体来看就是一幅气势磅礴的美丽画卷。

三、服务仪表要求

仪表是指人的服饰。服务人员统一着装，这是服务人员职业素养的具体表现，也可以在客户面前展示出良好的职业风范。

服务人员的制服有着无声语言的表达作用。当一位穿着干净整洁、规范统一的服务人员出现在客户面前的时候，是在用自己的形象跟客户说"我很专业，我值得依赖""我已经做好了为您服务的准备"。

不要小看服装的表达功能，客户会通过服装一眼识别服务人员的身份，从而快速找到对应的服务人员；服装也有美学功能，客户更希望在一种视觉美的环境中享受服务；服装也是一种团队语言，向客户传达着信息："不是我一个人，而是我们一群人在为您服务"；

服装还有一种辅助工作的功能性作用,所以,银行人员的制服与餐厅人员的制服在设计上就会有所不同。

1. 男士制服的着装要求

1)男性服务人员的常见制服款式类型有西服款式、军装风格款式和华服款式,穿着时都应符合各自的礼仪特点和规范。

西服款式通常分为两件套和三件套,两件套包括一件西服上衣和一条西服裤子;三件套包括一件西服上衣、一条西服裤子和一件西服背心。西服制服通常选择深色系,有严谨保守之意。常规情况下会佩戴领带,给人稳重规范之感。所有人员的领带的颜色和款式也应是统一的。西服的纽扣,一般双排扣的需要全部系好,单排扣的,最下面一粒不系,若单位有规定的,可按单位规定穿着。西服、西裤、衬衣都应熨烫了再穿。

配套的皮鞋应该是黑色商务皮鞋,无破损无污渍。也可按行业规定选择深咖、深棕色系且无任何装饰的系带皮鞋。袜子应与西裤的颜色保持一致,中筒袜为宜,忌彩色袜、透明薄丝袜。

2)男士穿军装风格款式的制服时,应按规定配套穿着,不可将制服与便服外衣混穿。其他搭配的领带、帽子、腰带等饰品按规范穿着整齐,不得依个人喜好随意增减。

3)华服是指有中国元素、朝代感、民族特点的服装。着华服时应注意:所有的扣子要全部扣好,不可随意挽起袖子或裤腿,相应的饰品佩戴好,保持干净整洁无异味。

2. 女士制服的着装要求

女性服务人员的常见制服款式类型有西服款式、华服款式、其他款式,穿着时也各有不同的礼仪规范。

1)女性服务人员的西服款式,最常见的是套裙或套裤。套裙的穿着参照商务着装标准,在颜色选择上,多半采用的是保守严谨的深色系。配裙装的丝袜也应以肉色系为宜,不露袜口、不抽丝、不破洞、无花纹。

与西服相配的是深色的皮鞋,材质为亚光皮面料,款式为船鞋,即包住脚趾和脚后跟、露出脚背,鞋跟高3~5厘米,鞋面无装饰,低调干净无破损,便于行走,走路无声响。

西服内可根据行业特点搭配丝巾。

2)华服制服具有民族的独特魅力和韵味,常以旗袍为主。中国的旗袍主要特色是修身、立领、盘扣等,服务行业使用时常常会加以改良,便于穿脱和工作作业,不会过于暴露。穿旗袍时同样需要配连裤袜,鞋的款式也需要与服装相匹配。同时,务必注意举止仪态。

3)其他款式的制服。随着时代的发展,服务行业也各具特色。根据行业特性而选择的制服款式也各色各样。但无论是何种行业,款式上应尽量符合有利于工作、统一、方便行走等特点。

3. 配饰要求

与服装一起穿搭的配饰需要与整体相协调,同时体现行业的审美。

配饰一般是指项链、耳环、戒指等首饰，也包括胸牌、手表、鞋子、帽子、包、腰带等除了服装之外所有穿戴在身上的物件。

（1）胸牌　胸牌作为服务人员的工作身份标志，应严格按照公司规定佩戴上岗。一般胸牌可标明单位名称、所属部门、员工职位、姓名及企业标识等信息。广义的胸牌，还包括徽章、胸章、工号牌等。

服务人员佩戴胸牌上岗，有利于顾客识别自己的身份，同时也符合礼仪的基本原则。人际交往中"尊者有优先知情权"，在工作岗位上服务人员规范佩戴胸牌，是主动向顾客表明自己身份，体现对客户的尊重。

常规佩戴时，应注意按照公司规定位置平整佩戴，并且保持其干净整洁，无污渍，字迹无损毁。如果胸牌破损或字迹损坏，应主动更换新胸牌。工整佩戴胸牌也同时在向顾客传递认真工作的态度。

胸牌一般是佩戴在左胸，但有时候衣服是左斜襟的，因此也有佩戴在右边的情况。一切依照公司的规范统一佩戴就可以了。如果是挂绳的工牌，需要注意正面朝外，不影响工作。

（2）饰品　饰品分为发饰、耳饰、颈饰、手饰、胸饰、腰饰、足饰等。饰品主要起到装饰的作用，千万不可喧宾夺主，更不要影响工作。服务人员在工作岗位上，所佩戴的饰品以少为佳。服务岗位对于所佩戴的饰品也有相应的要求。

1）材质有要求。通常饰品的材质多种多样，有金属、钻石、玉石、翡翠、珠宝、木质、竹质、塑料质等。在服务岗位上，通常只可以佩戴金色和银色金属质地、珍珠质地的饰品。从美观上讲，会要求同色同质，也就是佩戴的饰品要属于同一色系同一材质。从数量上来讲，也不宜多，一般以三种为宜。

2）珠宝大小有规范。在服务岗位，讲究低调，不可炫富。常规情况下，宝石的直径应在5毫米以下。

3）不可佩戴夸张的饰品上岗。比如，有些服务人员喜欢个性化的首饰，长吊坠、体积较大的，或者较为粗犷的首饰，以及黑暗风的首饰，这几类首饰禁止佩戴上岗。在岗位上应佩戴精巧细致符合要求的饰品。

具体来说，饰品的佩戴还有以下具体要求。

①耳饰，是指耳朵上的饰品，以简单精巧为宜。女性服务人员以佩戴耳钉为首选，男性服务人员不得佩戴任何耳饰上岗。

②颈饰，是指佩戴在脖子上的饰品。女性服务人员可以佩戴精巧的细项链，男性服务人员不得佩戴任何颈饰。

③手饰，是指佩戴在手上的饰品，一般包括手镯、手链、戒指等。服务岗位由于手上的作业很多，为了避免给工作带来影响，手饰以少为宜。通常情况手镯和手链在工作中不要佩戴。戒指可以根据个人情况和岗位情况选择性佩戴。一般来讲，一只手最多佩戴一枚戒指，宝石大小符合规定，最好是指环，有戒托的戒指容易损坏或影响工作。而有一些岗位，比如，医生、护士、汽车销售及售后、食品加工行业，出于安全和健康考虑，均不得

佩戴戒指上岗。

（3）手表　佩戴手表上岗的服务人员易给他人"有时间观念"的感觉。有些岗位要经常读取时间，也需要佩戴手表。手表的款式应简洁大方，不可浮夸。

四、服务仪容要求

仪容是指人的容貌，具体是指面部、头发、手部、体味等。在待人接物的服务活动中，干净整洁的仪容形象会给人赏心悦目的感觉，留下良好的印象，令客户心情愉悦。

在服务行业，仪容要符合岗位规范，干净卫生，没有体味。具体要求如下。

（一）女性的仪容要求

1. 发型管理

发型讲究干净整洁，稳重干练，没有碎发，给人精神饱满的感觉。管理发型有"三不"，即前不遮眉，侧不盖耳，后不及领。一定要管理好前额刘海，不能影响工作，这也就是我们常说的"前不遮眉"。"侧不盖耳"是指侧面的头发一定要挂到耳后，并用发夹或发胶固定。"后不及领"是指头发的长度如果碰到领子，则需要束起。干净干练整齐的发型会增加客户的好感和信任度。

发型应根据行业特点而定。大部分行业为了体现端庄得体，会要求盘发上岗。要注意盘发的高度不宜太高也不宜太低，刚好在耳朵后延线高度居中为宜。盘发可以统一发型，也可以用统一的发网饰品装饰。有些行业因为行业特点，也有束发的要求。发型整理好之后，一定要整理好碎发，可以用发胶或发蜡，头上不可有彩色的装饰发夹和皮筋，可见的黑色发夹不宜多于4个。头发的发色以黑色为宜，避免染成夸张的鲜艳色。

头发的干净整齐非常重要。服务人员应经常洗头，保持干净。切不可以在公众场合整理发型，以免给人轻浮之感。

2. 面部管理

俗话说"三分长相七分打扮"。在现代社会，化妆不仅仅可以更好地修饰容貌，也是对交往对象的一种尊重。

女性服务人员要求淡妆上岗，妆容自然大方，朴实无华。注意要求岗前上妆，化妆和补妆应选择避人。随时留意妆容的完整。

应注意口腔卫生。餐后刷牙或漱口，牙齿间无食物残渣，口腔内无异味。上岗前不吃有异味的食物，保持口气清新。

3. 手部管理

通常说手是人的第二张脸。对于服务人员来说更是如此，服务人员经常用手来为客户提供服务。服务人员的手部护理非常重要，注意干净卫生，同时避免手部生疮、干燥、脱皮等问题，应常使用护手霜护理。指甲应经常修剪，保持指甲缝洁净，不留长指甲，不涂指甲油。有些服务岗位因为有统一的美观要求,要求涂指甲油并规定了色号,则指甲油便被视为制服的一部分,上岗时必须按要求涂抹好。

(二)男性的仪容要求

1. 发型管理

从事服务岗位的男性服务人员,在发型管理上,整体要求是干净清爽、符合要求。要求每月至少理一次发,做到前不遮眉,不遮盖视线;侧不盖耳,不留鬓角;后不及领;不得剃光。不留怪异或过于新潮的发型。

头发避免出油、有味、有头皮屑,要求经常清洗。可适量涂抹定型水或发胶,保持发型固定。

发色最好以黑色或自然色为宜,不得染浅色,也不允许任何挑染。

2. 面部管理

男士每天都要剃须,同时注意耳部及鼻腔和鼻毛的清理。注意眼部卫生,洁面彻底。饭后洁牙,保持口气清新。

3. 手部管理

男性也同样要注意手部的清洁和护理,避免脱皮、干裂、生疮,可常用护手霜做手部护理。不留长指甲,指甲长度在1毫米以内,留意指甲缝清洁,手部干净卫生。

单元三 七步服务流程

▶ 案例导入

北欧航空的卡尔森总裁在他的书里曾提过"平均每位顾客接受其公司服务的过程中,会与5位服务人员接触;在平均每次接触的短短15秒内,就决定了整个公司在顾客心中的印象。"所以,在顾客的眼里,任何一个片断,任何一位服务人员,都会影响顾客心目中对公司的整体印象。在这个过程中,如果有断层或细节出现问题,都会在顾客心目中造成糟糕的印象。

▶ 点 拨

每个行业都有自己的服务流程和服务特点。在服务中,规范的流程、体贴的细节、灵动的交流最能体现服务的品质。接待顾客时,一个人做得好,不代表企业的服务品质,一群人做得好,才是企业服务水平的体现。

服务流程应是连贯的、严谨的,服务人员之间的配合应该是流畅的。顾客在行云流水的服务流程中，体验感受一定也是非常美妙的。所以，在服务管理中，除了细节需要精益求精，流程也需要严谨管理。所有的服务人员按照规范标准的流程，将细节展现到极致，多加训练，保证服务规范制度和流程在每一位服务人员的工作中表现出来，并且具有一致性，这样服务的品质才能得到相应的保障。

服务与社交礼仪是人们在社会交往中必须要掌握的一项重要技能，它能够帮助我们建立良好的人际关系，增强社交能力，体现自己的修养和素质。

顾客接待是一门艺术。服务人员在接待的过程中，既要注意接待的流程，也要注意接待的态度，更要注意接待的技巧和方法。主动、热忱、耐心、诚恳、周到的接待，才能让顾客满意。

顾客服务接待分为有实物销售和无实物销售两种情形。无论是哪一类的服务接待，都需要与顾客进行接触，了解顾客需求，并提供相应的服务来满足顾客的服务需求或购买需求。服务接待流程一般来讲分为七个步骤，分别是岗前准备、迎接顾客、询问需求、提供建议、实施服务、确认满意、礼貌送别。

一、岗前准备

严谨的工作程序是服务品质的保证。上岗前完善的准备更是高品质服务的前提。岗前准备是服务接待中非常重要的一个环节。如果前期的准备工作没有做到位，将会直接影响顾客接待的效率，也会造成人力、物力和财力的浪费，导致成本提高，工作效率降低，同时还会影响后期顾客关系的维护，最终影响顾客满意度和企业品牌。认真做好岗前准备要从以下三个方面入手。

1. 自身准备

服务人员在岗位上展示出来的所有状态，都会留给顾客深刻的印象。若顾客一到门店，看到服务人员面容憔悴、发丝凌乱、心情低落，顾客的心情一定会受到影响，这将直接影响接下来整个服务接待中传递给顾客的品质感。

作为服务人员，一定要自律。上岗前充分休息，保证睡眠，这样才有充分的精力当好班，更好地与顾客交流和互动。要注意讲究卫生、修饰外表，从面容到双手，从发丝到妆容，都要注意没有异物、没有异味，尤其不可以吃带有刺激性的食物上岗。要整理好自己的职业装，在顾客到达之前，按岗位规范更换好工装，工装要求没有污迹没有破损。要注意心理稳定，调整好个人心态，不能显得精疲力竭，更不要因为前一天的事情或私事而影响工作情绪。务必提前到岗，做好准备才能提供更好的服务。服务人员通常都需要提前半小时到达工作场所，做好相应的准备工作。

2. 环境准备

这里的环境是指店容店貌和商品陈列。顾客走进来，第一眼会被环境所吸引，整齐的、干净的、宽敞的、有特色的环境会增加顾客的好感，让顾客留下来。环境清新、整洁，从另一个层面来看也是工作的态度，代表已做好准备迎接顾客。环境的准备度也会从心理层面给客户良好的暗示，有助于提高服务接待的质量。

店容店貌是指服务人员所在的服务场所的厅堂环境。在整理店容店貌时，要注意整体的协调一致、干净卫生、美观大方，店内店外皆要注意。比如，现在很多店面的厅堂干净卫生，但门口的卫生就不管不顾，张贴的广告、凌乱的过道、乱停的车辆，这些也都属于店容店貌。在环境准备的时候，一定要加强管理，尤其是细节。而店内，除了干净整洁之外，还要注意厅堂的摆设是否合理、舒适，绿植是否美观，是否有安全隐患等。从整体上讲，如果在布置装饰的时候能够同时突出文化的氛围则更胜一筹。

随着时代的发展，人们越来越注重综合化的体验。各服务行业还会在环境布置时特别注意增加便民设施，比如，提供老花镜、儿童乐园区域、专业学习角等。现在服务业大部分是以商品销售为主，也有并不以销售为主的服务业，但也会涉及商品。那么厅堂的商品的摆放和布置，也是很讲究的。从心理学角度来讲，顾客会因为陈设的别致而被吸引，从而产生购买需求。所以，橱窗陈列也是一门不可不知的学问。

3. 工作准备

上岗前，要做好一切迎接顾客、提供服务的准备工作。工作的准备事项包含工作交接、更换工装、验货补货、检查价签、辅助工具、台面清理等。

有不少服务工作是需要工作交接的。工作交接的具体要求是：一准、二明、三清。"一准"是要求服务人员要准时交接班，不得迟到。"二明"是要求服务人员必须做到岗位明确、责任明确，各司其职，不得含糊不清。"三清"是要求服务人员在工作交接时，钱款清楚、货品清楚、任务清楚。在顾客服务的过程中，每一个细节都至关重要，必须谨慎对待每一个环节。

上岗前必须整理好自己的工作台面，私人物品不得出现在工作台席和顾客肉眼可见之处。所有公众场合的工作台席须清楚整理，文件、资料、用具等分类摆放。若遇到下雨天，还需要考虑顾客进门之后的雨伞管理及行走安全问题。营业时间一到，全体人员要以最好的精神面貌迎接顾客。

"兵马未动，粮草先行"。服务接待前期的准备工作非常重要。服务人员在接待前应当规范细致地按清单做好接待前的准备工作，以确保接待环节的接待效率和良好的顾客满意度。

二、迎接顾客

迎接顾客是顾客服务中至关重要的一个环节。跟顾客见面时的第一印象将会影响接下来的接待活动。在服务接待中，服务人员在上岗之初一定要做好岗位待机。服务人员在顾客进来之前就统一在岗位上准备就绪等待顾客，随时随地准备为顾客提供服务，这在服务中被称为待机。在待机时，服务人员要做到以下几点。

1. 正确待岗

待机在岗时，一般服务行业都要求以标准站姿迎客，有可以就座的岗位，在见到顾客的时候，也应在第一时间起立迎接。无柜台的服务岗位，服务人员一般应当在厅堂门口迎接顾客。站立时，应在顾客易见、本人也方便观察顾客的位置，待岗待机时不得交头接耳或玩手机。当顾客出现在店门口时，服务人员应马上起立主动上前迎接。

2. 主动招呼

顾客走进门店，服务人员应主动招呼，热情接待，要做到"来有迎声"。迎接顾客要注意称呼恰当、时机适当、语言适当、寒暄得当、表现适当。"一路辛苦了""都还顺利吧"，类似这样一句寒暄语，表达了服务人员对顾客的关心和关怀，瞬间拉近与顾客之间的距离，让顾客产生宾至如归的感觉。寒暄语在岗位上要经常用，但也要特别注意，在迎接顾客的时候，应表现恰当，面带微笑，目视对方，点头欠身。切忌过犹不及，如果过度表现、过度热情，反而会让顾客有不适的感受。

三、询问需求

跟顾客见面打过招呼寒暄之后，应主动询问顾客的需求，看是否有需要帮助之处。在询问需求的时候，要注意时机适当，并能通过正确的方式了解顾客的需求。

1. 察言观色

察言观色，是服务人员不可缺少的能力。察言观色的重点在于：一是顾客进店时观察，初步确定顾客来意；二是顾客浏览商品时观察，小心揣摩顾客需求；三是服务过程中观察，认真探寻顾客感受；四是服务结束后观察，诚心评估顾客满意情况。在整个服务过程中，要观其身、听其言、看其行、察其意，准确把握顾客定位，确保为其提供最优质的服务。

顾客进店并非一定有购买和消费的需求，有时可能只是随便看看，有时可能是特意过来投诉。这就要求服务人员在顾客进店之时观其色，如果是平常之色，则按常规热情接待；如果面露恼怒之色，则一定要小心应对。很少有顾客进店就直接购买商品，通常会有一系列的观看、思考、了解、比较、挑选、购买等过程。所以，服务人员在这个过程中，既要热情招呼，顾客一进店立即迎上去，在服务距离内打招呼问候，也应该有适度距离，让顾客享受零度干扰。在顾客浏览商品时，服务人员只需要保持合适的距离悉心等候即可，此时可以给顾客足够的空间和安全感。服务人员要注意观察顾客的动向，恰到好处地见机行事，为顾客提供服务。

日本一位服务行业的经营者曾经总结过服务人员主动接触顾客的六大好时机：一是对方长时间凝视某商品时；二是对方拿起商品仔细看时；三是顾客似乎在寻找某商品时；四是顾客拿起价格标签时；五是顾客在寻找服务人员时；六是顾客的目光与服务人员目光相对时。这里再增加两个时机：顾客再次回到某商品前端详时；顾客拿着该商品与其他商品对比时。当遇到这些时机，服务人员大可主动热情地上去询问："您需要试试吗？""您穿哪个尺码的呢？""您的眼光真好，这是我们的最新款"等语言与顾客进一步交流。

2. 言辞得当

与顾客交流一定要注意措辞，用语规范、礼貌热情。在了解顾客需求的时候，我们可能会碰到不同的顾客。有一类顾客，会比较直接，非常清楚要买的是什么；另一类顾客，可能还没有明确的购买需求，或者希望服务人员协助选择。这时候，就需要服务人员使用合适的语言来尽快探寻顾客的需求。

探寻顾客需求的时候，常规会使用开放式询问的方式，比如，"您想购买什么商品？""有什么可以帮到您？"如果店内服务及商品的选择范围较窄，则可以使用封闭式询问，尽快锁定顾客需求："您是想按摩还是洗脚？""您是想美甲还是美容？"

也有时会遇到比较纠结的顾客，则需要慢慢引导顾客找到其真正需求。

四、提供建议

在顾客的眼里，服务人员担任的是什么角色呢？试想一下，我们去一家新开的饭店，打算点菜，我们会直接要求点菜，还是更希望服务人员给一些建议呢？我们去银行理财经理那里买基金，是希望理财经理仅仅根据我们的要求来办理，还是更希望理财经理可以根据现在的市场情况和我们的资金配置给一些专业建议，帮助我们做决策呢？在顾客的眼里，服务人员起到的不仅仅是服务的作用，还扮演着专家的角色。所以，当我们点菜时，会希望点菜的服务人员对自己门店的菜品了然于胸、如数家珍，并通过恰当自然的沟通技巧向我们推荐适合的菜品；我们也希望理财经理在了解我们的财务状况和理财习惯及风险承受能力之后，使用恰当的语言介绍对应的理财产品。拥有这样能力的服务人员，在顾客的眼里才更专业，更容易让他们满意。

在服务中，用服务的心态为顾客积极提供帮助，用专业的技术帮助顾客满足他们的需求，让每一次服务都有专业的礼遇，为顾客创造良好的服务体验。服务人员除了扮演着服务和专业的角色，同时还承担着管理的工作。

我们去参观博物馆，当你想触碰一件物品时，服务人员大吼一声："别摸！会损坏的。"在车展上，小朋友想跨过拦着的绳子近距离观看时，工作人员大声喝止："回来！不能过去！"去游园时人特别多，大家在排队，可队伍没有排整齐，保安跑过来说："站好站好！别挤！"等，这样的情况发生时，我们游玩的兴趣就失去了一大半。但是，如果服务人员不进行管理，可能会造成设施的损坏、秩序的混乱。所以，服务人员在工作中，需要对顾客进行管理，但同时也需要考虑顾客的体验感受，应当进行有技巧的管理。

五、实施服务

实施服务是服务接待的重中之重。这是顾客来店的主要目的，是满足顾客需求的关键环节。顾客的需求可能是购买商品，也可能是购买服务，但无论是什么需求，服务人员认真对待、热情接待、耐心服务、流程规范都是非常必要的。

在服务中，规范服务流程，量化服务行为的指标，展示企业的规范化管理，提供高素质的服务，可以给顾客带来美妙贴心的服务体验。一个热情的微笑，一句温馨的问候，一个标准的手势，一套标准的流程，每个服务的细节，无微不至，周到温暖，都会给顾客留下深刻的印象。正如在银行里，银行柜员礼貌邀请顾客入座、规范的问询语言和介绍语言、标准的展示手势和指示手势、礼貌热情的微笑，当顾客遇到难处或疑问时不厌其烦地解答，这些都是服务实施中的要点。

在服务过程中，也有很多礼仪细节是要求服务人员遵守并做到的。

1）称呼与问候的礼仪。要主动问候，亲切而热情，按行业规范称呼，不能随心所欲。

2）规范行礼。初遇顾客，规范行礼；路遇顾客，礼让行礼；送别顾客，礼貌道别。服务行业向顾客行礼以鞠躬礼或点头礼居多，一般初次见面不行握手礼，仅在顾客有表示时，才行握手礼。

3）自我介绍。服务人员与顾客见面，应主动向顾客做自我介绍，以便让顾客更了解你的身份和职责。

4）递送礼仪。服务行业经常需要递送物品，应双手递接、目视对方、面带微笑。若特殊情况只能单手递送，需要提前说明情况。

5）引导礼仪。在服务行业中，常常要引导顾客到下一个目的地，引导礼仪在这个环节也是必不可少的。前面的模块我们已经谈到过引导礼仪，服务中的平地引领，一般情况让顾客站在右边，但遇到特殊情况，为了照顾顾客的安全或方便，也可让顾客走在左侧。但无论什么情况，都需要照顾顾客的感受和情绪。电梯和楼梯上的引领，也要遵照商务礼仪中的规范，全程照顾好顾客。

企业服务在实际接待过程中的细节，包含但不限于以上内容，所以，服务管理的过程中，我们需要不断观察、思考、推敲。服务接待中，不是一次好的服务接待就是好的服务，而是一贯好的服务接待才是好的服务；不是一名服务人员做得好就代表企业有好的服务，而是所有服务人员做得好才代表企业有好的服务。这就是服务的一致性。企业在接待顾客的时候，要想保持服务水平的一致性，就要从制度上量化管理这些指标，从细节上加强管理，从心态上加以辅导，才能帮助每一位员工将服务的使命铭记于心，时时刻刻以顾客的需求为第一位目标，满足顾客需求，提升企业效益。

六、确认满意

服务时，我们经常在顾客的需求得到满足之后就认为服务结束了，可以送别顾客了。实际上，我们的每一次服务都希望有下次继续服务的机会，每一次服务都希望留给顾客良好的印象，期待顾客再次光临。在这个节点上，千万不要忘记关注顾客当下的感受和反馈，询问顾客对这次服务的满意度及是否还有其他需求。

在前面的需求已经被满足的情况下，这时候需要再次关注顾客的感受，询问是否满意。如果顾客是满意的，则可以在此时加深顾客的好印象；如果是不满意的，可以通过察言观色发现顾客的不满，想办法立刻弥补。有经验的服务经理在这个时刻经常会问顾客："您对我们的服务还满意吗？"如果此时顾客皱皱眉头，服务经理就一定会追问："真是抱歉，您是觉得我们哪些方面做得不够好呢？如果您愿意告诉我，我非常愿意改正。也特别希望您可以给我们一些宝贵的意见和建议，帮助我们做得更好。我们非常在乎您的感受。"面对如此有诚意的服务经理，顾客往往会说出真实的想法，这样也让服务人员有了弥补和改进的机会。所以，千万不要小看这样的时刻。

七、礼貌送别

当顾客明确此次行程即将结束时，服务人员要礼貌送别，给顾客留下亲切温馨的良好印象，注重近因效应，工作善始善终。与顾客道别时要注意以下几点。

1. 道别必不可少

无论遇上什么情况，身边的顾客要离开，服务人员都应该热情道别。不能因为顾客没有消费就心生不快，也不能因为不是自己的顾客就视而不见。

2. 道别一定要真诚

送别顾客时，应注意言简意赅，诚心相送，表情自然，举止大方。

3. 道别内容有别

在不同的服务行业中，面对不同的服务对象，送别的方式是不一样的，要做到因人而异，不要千人一面。比如，柜台服务人员，一般是起立目送；流动岗位的服务人员，一般要求将顾客送到门口挥手道别。常规顾客常规送别，贵宾顾客的送别要更重视仪式感。

服务接待是整个服务过程中的重中之重。在服务接待中，讲究源自内心的尊重、主动积极的双向沟通、规范的流程与细节、与顾客之间的巧妙互动、永不放弃的积极心态。服务人员要做到六快：眼快、耳快、脑快、嘴快、手快、脚快。主动服务、耐心服务、热情服务，细致周到而不卑不亢。不仅做到规范服务，更要用心追求优质服务。

未来学家约翰·奈斯比特说，"我们周围的高科技越多，就越需要人的情感。"无微不至的服务礼仪正是诠释这种高情感的言行表征。遵循流程，兼顾全局与细节，让每一次接待都带给顾客温暖的体验，创造近乎行业标准的礼仪之巅。

▶ 实践训练

商务接待训练

实训目标：掌握商务接待流程、注意事项。

实训内容：某公司下周三有重要的上海客户来司洽谈业务，对方一行4人，男性2名，女性2名。4人于下周三中午乘飞机抵达我市，预计周日晚上乘飞机返程。除了洽谈业务外，还将在公司参观游览。请配合接待。

学生分为 6 人一组，自行设计商务接待场景。6 个人在角色扮演中，进行商务接待训练，并完成简单的模拟考核。实训模拟结束后，小组之间互评，小组内自评，交流心得及改进方案。

实训评价：填写商务接待训练评价表，见表 7-1。

表 7-1　商务接待训练评价表

日期		小组		姓名		
评价内容		评价指标	分值	自评	组评	师评
技能表现	实施准备	行程安排是否合理	10			
	实施过程	接待是否按时、按质完成	20			
	达成效果	客户是否满意	10			
	实训总结	对本次实训活动的总结与反思，形成改进方案	10			
团队协作	沟通交流	团队内积极交流，表达倾听俱佳，氛围良好	15			
	分工合作	发挥优势，主动担责，高效完成任务	15			
	协作配合	模拟场景配合默契，展现团队专业形象	20			
备注		总分 100 分，80 分为优秀，70 分为良好，60 分为合格，60 分以下为不合格，总分 = 自评（30%）+ 组评（30%）+ 师评（40%）	总分			
教师建议内容						
个人努力方向						

模块小结

本模块从服务礼仪概念讲起，强调服务形象塑造要点，明确热情、耐心、专业等服务要求，细解七步服务流程。通过理论与案例结合，深入理解服务礼仪内涵，为未来职业发展筑牢根基。

练习与思考

一、单选题

1. 以下不属于七步服务流程的是（　　）。
   A. 迎接顾客　　B. 询问需求　　C. 岗前培训　　D. 礼貌送别

2. 下列关于接待环境说法有误的是（　　）。
   A. 接待环境包括硬件环境和软件环境
   B. 空气、光线、办公设备属于硬件环境
   C. 颜色、工作气氛、员工素养属于软件环境
   D. 接待环境的好坏，对人的行为和心理都有影响
3. 男性服务人员上岗不可佩戴的饰品是（　　）。
   A. 戒指　　　B. 工牌　　　C. 耳饰　　　D. 手表

二、简答题

1. 简述服务的四个层级？
2. 服务的特征有哪些？

三、案例分析

"功亏一篑"的拜访

背景与情境：小邢应聘进入一家以国际贸易为主的外资公司，作为一个营销新手，他希望自己尽快做出业绩。

经过两个月的拜访，小邢与南方油脂集团的开发部、研究所、供应部都建立了良好的关系，一单大生意眼看就要做成了。

一天，南方油脂集团通知小邢，他们公司何总经理要见小邢。小邢知道，这是一次重要的会见，立即向领导汇报。公司领导极为重视，特意调拨一台轿车和一名司机给小邢用于此次拜访。

当天上午10点，小邢在南方油脂集团总经理办公室见到了何总。小邢与何总的谈话进行得很顺利，气氛很和谐。小邢注意到，何总办公室还有另一位客人梁先生。

正谈着，何总突然有件急事要处理，小邢就很有礼貌地坐到办公室的另一边。此时梁先生走过来问了一些小邢的企业的情况，小邢很热心地回答了梁先生的问题，并热情地攀谈了起来。谈了一段时间，小邢突然发现何总早已回到办公室，就准备与何总继续交谈，却看到何总的脸色有变，态度与先前大不相同，小邢问话他也不再回答了。小邢心里一凉，心想：完了，此次关键性的拜访"功亏一篑"了。

问题：请分析小邢这次拜访在哪些方面做得比较好，又是什么细节问题导致了失败。

分析提示：商务往来有时是业务伙伴，有时是竞争对手，商务信息在任何情况下都应该保密。这既是对自己负责，也是对客户负责。

模块八
求职与面试礼仪

模块描述

面试礼仪旨在帮助学生提升个人素质的外在表现形式，是求职面试制胜的法宝。求职面试礼仪这个环节又由许多小环节构成，细节决定成败。面试礼仪是一个长时间的积累，是内强素质、外树形象的过程，通过本模块的学习，掌握相关知识、培养必要能力和塑造良好素养，以便能够在面试环境中更加自如地应对各种情境要求。

学习目标

能力目标
能够在面试时进行得体的交流，包括礼貌用语和话题选择。

知识目标
1．了解不同文化和场合下的面试礼仪规范。
2．熟悉正式和非正式场合中的面试礼仪细节。
3．理解面试礼仪对个人形象和社交关系的重要性。

素养目标
1．培养良好的社交素养和自我管理能力。
2．塑造良好的个人形象，展现自信和专业素养。

学习内容

单元一　求职准备及着装要求
单元二　面试礼仪

建议学时　4

单元一　求职准备及着装要求

案例导入

1990年,在北京外国语大学读大四的杨同学参加了某节目主持人的竞聘。

在复试阶段,主持面试的一方,对她的综合表现评价很高,却觉得她不够漂亮。当另一位非常漂亮的女孩成为最后的竞争者时,她全部的倔强、好胜心都被激发出来了,她想"即使今天你们不选我,我也要证明我的素质。"

最后面试的题目是:一、你将如何做这档节目的主持人;二、介绍一下你自己。杨同学是这样开始的:"我认为主持人的首要标准不应是容貌,而是要看她是不是有强烈的与观众沟通的愿望。我希望做这个节目的主持人,因为我特别喜欢旅游。人和大自然亲密接触的快感是无与伦比的,我要把这些感受讲给观众听……"在介绍自己时,杨同学说:"父母给我起名杨××,希望一个女孩子能有海一样开阔的胸襟,自强、自立,我相信自己能做到这一点……"

杨同学侃侃而谈,一口气讲了半小时,没有一点文字参考。讲完后,屋子里非常安静,人们都被她吸引住了,不再关注她是否漂亮。最终她赢得了这一岗位。

点　拨

从杨同学求职成功的事例中,我们发现杨同学赢在自信,赢在客观地看待自己,善于突出自身的优势。

一、资料准备

面试需要准备的相关资料包括求职信、个人简历、相关职业资格证书、荣誉证书,邀请面试的信函、公司的资料、公司的地址、电话号码及面试的联系人等。只带一个手提包或公事包,尽量把化妆品、笔、零碎的物件有条理地收好。面试时可将公文包放置于座位下右脚边,小型皮包则放置在椅侧或背后,不可放置于面试官办公桌上。

1. 求职信

求职信也称自荐信,是求职者在应聘时所用的一种特殊信件。一封真诚而有说服力的求职信,会赢得用人单位的好感,使求职者有一个良好的开端。求职信主要用来表达个人愿望与求职要求,重点是介绍自己的情况,证明自己的能力,以引起用人单位的兴趣。

写求职信的礼仪要求如下。

1)书写规范。包括字迹工整、内容正确、格式规范、条理清楚、版面整洁。打印的求职信，美观大方；手写的求职信，可起到以诚动人的效果。

2）态度诚恳。求职信既要表现出对所求职位的渴望，又要表现出胜任这份工作的自信，所以态度要恳切。

3）实事求是。即实事求是地介绍自己的求职条件、优势，尽量把自己的优势量化，避免假、大、空。

4）谦恭有礼。求职信中应适当选用一些谦辞、敬语，诸如"恳请""敬请""您""贵公司"等，字里行间要显现出自谦和敬人之意，体现彬彬有礼的态度和良好的个人教养。

5）突出特点。求职信要充分展示自己的特点，包括专业知识、工作经历、个人经历、自身特长等，针对不同类型的单位，使用不同的表述方式，尤其要突出自己与众不同的一面。

◆ 例文

求 职 信

尊敬的××经理：

您好！我从招聘网站上获悉贵酒店欲招聘一名经理秘书，特冒昧写信应聘。

我即将从××大学工商管理系酒店管理专业毕业。今年22岁，身高1.65米，相貌端庄，气质较佳。在校期间，我系统地学习了《现代管理概论》《酒店管理概论》《酒店财务会计》《酒店客房管理与服务》《酒店餐饮管理与服务》《酒店前厅管理与服务》《酒店营销》《酒店人力资源管理》《应用文写作》《礼仪学》《酒店英语》等课程，成绩优秀。曾发表多篇论文。熟悉各种办公室软件的操作，英语熟练，普通话运用自如。

去年下半学期，我曾在×××酒店实习四个月，积累了一些实际工作经验。我热爱酒店管理工作，希望能成为贵酒店的一员，和大家一起为促进酒店行业发展竭尽全力。

随信附上个人简历及相关材料。如能给我面试的机会，我将不胜荣幸。我的联系地址：××大学工商管理系酒店管理专业×班，邮编××××××；联系电话：139×××××××。

感谢您阅读此信并考虑我的应聘请求！

此致

敬礼！

×××

××××年×月×日

2. 简历

（1）简历的内容

1）基本情况介绍，包括姓名、性别、年龄、身高、籍贯、政治面貌、毕业学校等。

2）学习情况介绍，包括几年间总体学习情况、平均成绩、主攻方向。分类列出自己所学科目，如经济学方面、市场学方面、金融学方面、财会学方面、外语方面等。重点介绍所应聘职业涉及的课程。

3）实习实践情况。现代社会强调实践经验，单纯学习好的学生，不一定能获得用人单位的赏识。实习实践情况包括自己发表的文章、在企业实习和参加社会实践情况等。

4）社团活动。列举参加过的比较重要的社团活动。

5）专长爱好。选择有说服力的特长，尤其是针对用人单位需求列举自己的特长，切记不可弄虚作假。

6）科研活动情况。

7）获奖情况。

8）附课程表、证件等。

9）通信地址、电话、邮件。

（2）写作的要求

1）实事求是。根据用人单位的需要和性质有选择地填写自己的经历，充分展示自己的特长，但切忌夸大自己的情况。

2）简单明了。写简历应避免使用大段文字，内容应尽量精简，重点突出，层次分明；用词要精确恰当，不要用一些异常生涩难懂的词语，应以简洁易懂为原则；字迹不能潦草，更不能有错别字或遗漏字。简历不要过长，最好以一页为限，不要超过一页。

此外，简历还应做到版面设计合理、新颖、美观，制作精良，用标准格式的优质纸张打印。

◆ 例文

个人简历

姓名：吴刚　　性别：男　　政治面貌：中共党员

个人资料

出生年月：1998.1.4　　籍贯：江苏省苏州市

教育经历

2016.9—2019.7：××学院语言文学专业

语言、计算机能力

英语：专业八级

计算机：二级，熟练操作 Word、Excel、Powerpoint、Photoshop、SPSS 等办公软件

其他：普通话水平测试等级证书

获奖情况

2017.10　××学院"校级三好学生"

2018.12　××市"市级三好学生"

> 2018.11 暑期社会实践"十佳实践服务明星"称号
>
> **社会实践**
> 1. 在担任学院学生党支部副书记期间,曾多次组织学生党员开展学习、参观等党员教育活动
> 2. 在担任学院学生会宣传部长期间,曾多次组织联谊活动
> 3. 担任学院"工匠进校园"活动专家陪同工作成员
> 4. 参加了学院"三下乡""英语夏令营"活动
> 5. 参加了××视障学校义务教学辅导活动
>
> **职业能力**
> 具有较强的沟通能力、交际能力、组织能力;具有较高的英语翻译能力
>
> **本人特长**
> 会拉小提琴,达到五级水平

二、面试准备

面试的成败与否并不完全取决于现场的表现,前期的准备是否充足、是否有针对性,也是确保面试成功的关键。

1. 充分了解对方

这项工作非常重要。面试之前,应该广泛搜集有关应聘公司的资料,了解他们的职位描述和企业文化。可以登录该公司的网站,对该公司的文化、产品和发展历程进行深入了解,也不妨通过其他渠道,增加更加确切的认识。对于面试官来说,了解本公司的应聘者起码说明其用心,而不是那种泛泛求职、没有重点的人。

2. 出行的准备

不管是乘公交车、出租车还是乘火车,都要预留出充足的时间。如果是电话通知面试,一定要问清楚怎么到达方便,特别是问清楚到了公司之后怎么找到面试场所。很多人接到面试电话,只会说"好""好的",然后还得自己想办法找路线,往往会耽误时间。事先问清楚,事半功倍,同时又说明你考虑周到。

3. 心理的准备

面试官有多种类型,有很正式的、气氛紧张的;也有很匆忙的,或者很亲切的。在你面试之前,无法预料会面对哪种风格的面试官,但不管碰到哪一种情况,首先要克服紧张心理。人紧张的原因是多方面的,最关键的因素就在于不自信,顾虑重重。确实,对于刚接到面试通知的你来说,一切都是未知的。但是,记住一点,把自己所能够掌控的准备充足,那么和其他的面试者相比,就有了更多的胜算,也就会更自信;要顺其自然,不要强调志在必得,给自己造成不必要的紧张,从而影响正常发挥。

4. 精心准备自我介绍

自我介绍是面试非常关键的一步，受"首因效应"的影响，2~3分钟的自我介绍，将是自己所有工作成绩与为人处世的总结，也是接下来面试的基调。招聘人员将基于你的材料与自我介绍进行提问。自我介绍需要把握以下几个要点。

1）突出个人的优点和特长，要有相当的可信度。最好能介绍自己做过的具体项目。

2）要展示个性，形象鲜明。可以适当引用别人的言论，如老师、朋友等的评论来印证自己的描述。

3）坚持以事实说话，少用虚词、感叹词。语言要简洁、有力，不要拖泥带水。

4）要注意语言逻辑，介绍时应层次分明、重点突出，使自己的优势很自然地逐步显露。

5）尽量不要用简称、方言、土语和口头语，以免对方听不懂。

◆ **例文**

各位领导：

大家好！

我叫张××，1995年9月出生于美丽的海滨城市烟台。我从小在海边长大，"海纳百川，有容乃大"，大海陶冶了我开朗、随和的性格；我成长在普通家庭，从小热爱劳动、体谅父母，和谐的家庭氛围塑造了我阳光、平和的心态；我生活在文明的校园里，关心同学、友善待人，温馨的集体生活培养了我团结协作的能力。

对待工作，我秉承"敏于事而讷于言"，告诫自己要做事勤快、说话谨慎；对待挫折，我坚信办法总比困难多，勉励自己要脚踏实地、不懈努力；对待未来，我充满信心，因为我深信：机遇总是青睐于有准备的人！

谢谢大家。

5. 预先演练面试问题

总体来说，面试官问什么问题，没有固定程序化的模板，应聘者应沉着、镇定、自信地面对，总的原则是：要给人有责任感、诚实、忠诚、勤奋、认真的印象，显示出自己的智慧。如面试官说："我想请你担任某个差班的班主任，在你之前已有5个班主任离任了。请问你该如何做？"应聘者们大多滔滔不绝地讲述着自己的授课方式和带班经验，只有一位回答说："我会和前5位班主任沟通，将他们的经验和教训一一总结。"

面谈时避免5种不利于求职成功的语言：言过其实、自卑、自负、请求和恭维。"我从原单位辞职，决定破釜沉舟，干一番大事业"，这样自负的话会吓到面试官；"我父母下岗，家里全靠我支撑，请给我一次机会"，这样请求的话也不可取，因为企业挑选人是为了创造价值而不是施舍。过分谦虚自卑，会给人没有主张、懦弱胆怯的印象，相反，谦虚、诚恳、自然、亲和、自信的谈话态度会让你在任何场合都受到欢迎。语言能力不是一蹴而就的，平时要注重积累，不断培养自己的倾听能力、思维能力、记忆能力和联想能力。

面试小贴士

1）要摸清交通线路。这是很多人都会忽略的一个问题,往往随便看下地图,大致了解一下路线,面试的时候就匆匆上路了。这样往往会出现预估失误,导致迟到。而面试中迟到是一件非常不礼貌的事情,会给招聘单位留下不好的印象,还会打乱他们原定的面试安排。在面试时提前出门,这样既可以避免迟到,也可以给自己留下充足的时间。在到达公司后,应平静一下自己的心情,缓解路途中的劳累,以更好的状态在面试中展示自己的能力。

2）服装准备不可忽视。正装,这是永远不会出错的选择,不管是去严谨的外资企业,还是讲究创意的广告公司,正装永远都是对别人的一种尊重。不论是新衣还是旧装,最好提前几天在家试穿,先在镜子中看一下效果。万一出现问题,还有时间做调整,以防面试当天发现问题,影响情绪和面试效果。

3）在面试中,除了外表和语言外,肢体和语音语调都在面试的成败中起着非常重要的作用。要知道,面谈中肢体语言和语音语调最能令人印象深刻。

4）现场面试结束并不代表整个面试的结束。结束以后的致谢和必要的电话询问都是面试的后续操作。同时,也不要患得患失。只有做了充分的准备,了解公司需求和自身发展的契合度,并使自己成为他们不可或缺的人,才是职业成功的关键。

三、面试着装要求

1. 男士面试着装

(1)西装颜色　男性面试的西装颜色最好是深蓝、黑色、灰色,褐色和米色也可以考虑,质地以纯毛为好。

(2)衬衫　要穿白色或淡蓝色的长袖衬衫,尤其是单一色的白色衬衫,能够传递诚实和稳重的信息,是面试着装的首要选择。

(3)领带　纯真丝的领带或50%的羊毛和50%的真丝混合织成的领带视觉效果最好。

(4)纸巾　纸巾是每位求职者必备的物品,可应付一些突发情况。

(5)搭配技巧　蓝色、黑色或灰色西装搭配黑色腰带和黑色皮鞋,而棕色、棕褐色或米色西装应配棕色的腰带和皮鞋。腰带的质地应是皮质的。

(6)首饰　男士面试时尽量不要戴首饰,包括结婚戒指。

(7)大衣　如果天气寒冷需要穿大衣的话,最安全的颜色是米色和蓝色。

2. 女士面试着装

(1)选择安全色系服装　最好选择黑、白、灰等颜色的、质地较好的外套,以示庄重。不要搭配有花边的衬衫,花边会使人看起来稚气未脱、不够庄重。衬衫要与外套、裙子搭配。另外,在春末、夏初,初入社会的大学生可以穿七分袖西装外套,这样显得青春又不失端庄。

（2）裙子要优雅、大方　不论是否穿套装，坐下时的裙子绝对不可以短于大腿的一半。如果女性在求职时需常常将裙子往下拉，以防"走光"，这说明裙子太紧或太短。

（3）首饰　女性可以佩戴一些首饰，但一定要少而精。例如，小巧的耳钉比较适合年轻的女性，含蓄而不张扬；佩戴手表，表明你的时间观念很强，但不要戴太夸张的手表。

（4）适当的妆容　长发者需要将头发束在脑后或高高梳起。化妆是必要的，即使你从未化过妆。肌肤良好的女性，只要准备腮红、睫毛膏及唇膏即可。肌肤稍有瑕疵者，则可打层薄薄的粉底。若擦香水，要用气味清新的，不要用香气过于浓烈或奇特的。

不管男士还是女士，在应聘时都要注意细节。女士一定要穿丝袜，并随时检查是否有脱线或破损的情形。出门前要从头到脚仔细检查一遍自己的仪容，要使自己看上去干净整洁、光鲜靓丽。

单元二　面试礼仪

● 案例导入

曾经有个国家的使者向皇帝进贡了三个一模一样的金人，把皇帝高兴坏了。可是该使者出了一道题目：这三个金人哪个最有价值？皇帝想了许多办法，请来珠宝匠检查，称重量，看做工，都是一模一样的。

正在一筹莫展之时，有一位老臣说他有办法。皇帝将使者请到大殿，老臣胸有成竹地拿着三根稻草，分别插入三个金人的耳朵里，第一个金人的稻草从另一侧耳朵出来了，第二个金人的稻草从嘴巴里直接掉出来了，第三个金人，稻草进去后掉进了肚子，什么响动也没有。老臣说：第三个金人最有价值！使者默默无语，答案正确。

● 点　拨

这个案例提醒我们，在沟通和决策时，应当重视倾听他人的意见，并且在适当的时候保持沉默，避免冲动发言。同时，它也强调了内敛和深思熟虑的重要性，鼓励我们在面对问题时，不仅要听取不同的声音，还要有能力辨别和吸收有价值的信息，形成自己的判断。

一、举止礼仪

见面是礼仪的开始，见面礼仪要做到以下几点。

1. 严格守时

遵守时间是现代交际中的一个重要原则，是作为一个社会人要遵守的最起码的礼仪。

求职者在接到招聘方的面试通知后,务必提前到达面试地点,至少给自己留 20 分钟的时间,以应对突发情况,调整心情,熟悉环境,整理自己的妆容、服饰等。如果确实有迫不得已的原因,或中途有意想不到的事情发生而不能准时参加面试,要向招聘方解释清楚,并征求对方的意见,看是否可以重新安排面试时间。

2. 礼貌通报

到达面试的地点后,进门前一定要敲门,得到允许后,方可推门进入。进入时一定要表情自然,动作得体。

3. 主动问候

进入面试的办公室或会议室后,求职者的形象、言谈举止就开始接受面试官的评判了,应该说,真正的面试就开始了,所以从这时起求职者就应当立即进入角色。

推门进入时,求职者要面带微笑,一只手拿文件夹,一只手推门。推开门之后,走近两步,向面试官鞠躬,并说:"您好,主管/面试官!我是×××,来参加面试的。"面试官一般会说"请坐",这时要向面试官点头致意,然后关门。关门的正确方法是:一只手把门移至背部后面,然后换成另一只手,轻轻把门关上。如果转身关门的话,背部会朝向面试官,这样不礼貌。待面试官再次说"请坐"后,从容地走到座位左侧入座(女士须拢裙摆),坐在椅子的 2/3 处,以正位坐姿坐好,然后点头,微笑。若面试官没有主动说"请坐",进入之后不要主动坐下。

4. 面带微笑

笑容是最受欢迎的身体语言。微笑可以缩短人与人之间的心理距离,为深入沟通、交流创造温馨、和谐的氛围。在面试中,求职者应把握每个机会展示自信、自然的笑容,展示自己的亲切与礼貌。

5. 目光接触

面试时,求职者应当与面试官保持目光接触,以表示对面试官的关注。目光接触的技巧为:盯住面试官的双眼、鼻梁处,每次 15 秒左右,然后将目光自然地移向其他地方,如面试官的手、办公桌等,隔 30 秒左右,再望向面试官的双眼、鼻梁处。切忌目光犹疑、躲闪,这是缺乏自信的表现。

6. 举止大方

面试时,求职者的外表、气质、举止和谈吐格外重要。因为其一言一行都会向外界传递一定的信息。面试时要按照现场布置就座,与面试官保持一定的距离,不随意将座椅前后推移。在整个面试过程中,都要谈吐清晰、举止得体、彬彬有礼,表现出一定能胜任工作的信心和干练的作风,充分展示自己的才华。

面试要点如下。

1)面试前不要喝酒,不吃有异味的食物。

2)面试时不要抽烟,不要嚼口香糖。

3）面试时不要带陪伴者。

4）面试时不要拖拉椅子，发出很大的声响。不要一屁股坐在椅子上或半躺半坐，也不要跷起二郎腿。女士双膝不要分开。

5）面试时不要弯腰驼背。

6）面试时不要抖动脚或腿。

7）面试时不要故意挤压手指弄出声响，这是不文明的表现。

8）面试时不要不停地摸头发、下巴、耳朵。可能有的人做这种动作只是习惯，但是要注意克制，因为别人看着会觉得很不雅。

在展现优雅仪态的过程中，适时运用点头、微笑。面试结束后要起身站定，并鞠躬说"谢谢主管／面试官"。然后运用转身步，先后退两步，再转身离开。

二、交谈礼仪

面试对职场新人来说是十分重要的，它是进入职场的第一次考验。在面试的时候，语言交流技巧非常重要，因为它会体现求职者的成熟程度和综合素质。

1. 面试交谈用语与技巧

（1）谈吐文雅，情理交融　使用礼貌用语是一个人文化修养的表现，也是对他人的尊重。因此，面试中应注意使用礼貌语言，如"您""请""对不起""谢谢"等。切不可将日常交往中使用的俗语用于面试中。

在面试中，如果求职者谈话时能将丰富的情感融进要表达的内容之中，就会增强谈吐的感染力，让人感到求职者富有魅力、值得信赖。一个谈笑风生、幽默风趣的求职者，会给面试官留下聪明能干、充满生机和活力的良好印象。相反，讲话呆板、生硬，语言不畅的人，其能力和素质都会令人怀疑。一个说话连自己都打动不了的人是不可能打动面试官的。

（2）沉着应对，言简意赅　在面试中，面试官有时会故意问一些古怪难答的问题，让求职者不明真意；或故意提出不礼貌、令人难堪的问题，其目的是"重创"应试者，从而考察其适应性、应变性和机敏性。此时，如果求职者缺乏修养或没有经验而反唇相讥、恶语中伤，或与面试官激烈争论，就会铸成大错。对于面试中的类似问题，应保持冷静，不动声色，待明确对方意图后，再委婉应对。求职者的应答要做到简洁、清晰、准确。

面试小技巧

少说话，好心态

1）在面试的时候，要记住不要夸夸其谈，并非说得越多就越能展现自己。恰恰相反，说得越多，有时候错得越多。

2）在面试的时候，一定要注意自己的心态，不骄不躁，不卑不亢，这样才能在面试中立于不败之地。

  3）口齿清晰，语言流利。说话的声音和语调体现着一个人的性格、态度、修养和内涵。对于陌生人来说，声音的特点会更加明显地传达这些重要的信息。因此，在面试时说话不要含糊不清、吞吞吐吐。如果能把每一个字都十分清楚地表达出来，就会给人一种自信和头脑清晰的感觉。在现在的职场中，综合素质受到更多的重视，人们关注的已不仅仅是知识和智力。

  4）保持适当的音量、语调和语速。如果平时说话的声音非常小，那么面试时要尽量提高说话的音量，因为声音小会给人懦弱、不自信的感觉。但也不要音量过高，只要让对方听清楚就行，否则会给对方粗鲁的感觉。适当的语调、语速能给人亲切、沉稳的感觉，会在无形之中拉近求职者和面试官之间的距离，并给面试官以良好的印象。

  有些求职者初出茅庐，由于紧张或急于表达，在对方问了一个问题后，往往会连续不断地把不相关的想法表达出来，这是不妥的。此外，在清楚地表达自己想法的同时，使用含蓄和幽默的语言，可以营造轻松、愉快的谈话气氛，拉近和面试官的距离，这将使求职者更容易获得成功。当然，语言技巧的使用也不宜过多。

  2. 面试交谈的态度

  （1）懂得尊重 面试中，不管是和面试官说话的时候，还是和工作人员说话的时候，求职者都要对对方表现出最起码的尊重，这体现的是个人素养。如果连最起码的尊重都没有，又如何得到面试官的认可？有不满意的地方可以说出来，但是不要用不合理的方式或不尊重的语言表达。

  （2）不卑不亢 面试交谈时不要表现得低声下气，好像自己在求对方一样。面试是一种相互选择，如果表现得很卑下，会让对方对求职者的能力产生怀疑。

  （3）保持理性 面试过程中，可能会有令人惊喜、不悦或惊慌失措的情况发生，但无论如何，求职者都要理性面对。

  1）不要喜形于色。面试交谈时，即使对方对自己很感兴趣，求职者也不要忘乎所以，因为一旦失控就容易漏洞百出。对方即使已经明显地对求职者表现出了肯定的意向，也有改变主意的可能。

  2）不要有抵触情绪。我们每个人都有自己的原则。面试中，如果面试官说的一些话触及了自己的原则，也不要影响情绪，而要心平气和地回答每一个问题，如果确实觉得和自己的原则相抵触而难以接受，可以最终选择放弃。

  3）不要过于激动。例如，在接到面试电话的时候，有的求职者会询问工资等方面的情况，觉得合适才会参加面试，而参加面试时，可能会发现真实的工资比打电话时所说的少。面对这类情况，不宜过于激动，不要直接大声地询问或质问，而要理性地说出自己的疑惑。

> **礼仪小故事**
>
> **考场有形，考查无形**
>
> 面试当天，小陈早早地来到了公司，可是在等待的过程中他还是控制不住紧张的情绪。快轮到他了，为了缓解紧张的心情，他就跑到洗手间整理仪表来放松自己。这时，洗手间里还有一人，看起来是公司的职员，于是二人就聊了起来。"今天是不是有什么重大的事情啊，这么多年轻人突然来到公司？"老职员问。"哦，今天贵公司招聘大学生，我是来应聘的。""是吗？一大早就跑过来够辛苦的。""没什么，我想获得这份工作，辛苦一些也值得。""好啊，你可要多努力啊，年轻人，祝你成功！""谢谢，我会努力的，也祝你工作愉快！"简单聊过几句后，二人就走出了洗手间，到门口时小陈很自然地为老职工打开了门，请他先行。老职工微笑着表示了感谢。当小陈走进面试室时，发现刚才的那位老职工竟然是面试官——人力资源部部长。小陈在面试过程中沉着冷静，回答问题考虑全面，条理分明，顺利通过了面试。离开面试室前，人力资源部部长对小陈说："我们录用你，一方面是你的业务素质好，还有很重要的一方面就是年轻人像你这么有礼貌，这很难得啊。"
>
> 同去面试的小杜可就没有那么幸运了。由于等待的时间比较长，几位应聘者就闲聊了起来，借此消磨时间，缓和一下紧张的气氛。小杜可能是由于紧张，显得有些焦躁。"去他的，什么破单位，面试搞得这么慢！要不是同学叫我一起来，我才不稀罕呢！"小杜随口说了一句，不巧这句话却被出来倒茶的一位面试官听到了。小杜走进面试室后那位面试官就首先发难了："刚才听你说不稀罕我们这样的公司，为什么你还会等这么长时间参加我们的面试呢？"小杜本来就不够自信，在紧要关头又被提出了这样让人难堪的问题，一下子就懵了，仓促应付了几句后便败下了阵来。就是因为这样一句冒失而幼稚的闲话，小杜失去了一次极好的就业机会。

3. 面试时的自我介绍

面试开始时，面试人员通常会要求求职者做自我介绍。自我介绍是自我表现的第一步。不要认为这是一件很容易的事情，因为虽然自己最了解自己，但是要通过几句话就让别人了解自己并不容易。自我介绍前，首先要清楚面试官要求职者做自我介绍的目的。只有了解面试官的目的，求职者才能做好自我介绍。

面试官最关心的是求职者的能力，从而判断其能否胜任工作。许多求职者总是想表现得很优秀，言谈之中像在表达这样一个意思："我什么都能做。"也许这是事实，但是能做不代表一定能够做好，所以，不宜给人留下这种印象。企业希望找到的是能够真正做事的人，而不是一个夸夸其谈的人。

（1）自我介绍考察的内容

1）面试中，自我介绍一般被面试官用来考察其内容和简历的内容是否相冲突。如果简历是真实的，那么口述的自我介绍就不会与其有明显出入；如果简历有假，那么在自我介绍阶段就有可能露马脚。如果求职者不愿重复介绍，而说"我的经历在简历里都写了"，会让面试官认为其过于自负，印象分一下子就下降了。

2）考察求职者基本的逻辑思维能力，语言表达能力和总结、提炼、概括的能力。

3）考察求职者是否简练和精干，以及其对现场的感知能力与把控能力。

4）考察求职者的自我认知能力和价值取向。

所以，面试时的自我介绍是求职者在纸质简历之外最能够展现能力的途径，求职者一定要把握好。

（2）自我介绍的时间

一般情况下，自我介绍用3~5分钟较适宜。时间分配上，可根据情况灵活掌握。一般情况下，第一部分可以用约2分钟；第二部分可以用约1分钟；第三部分用1~2分钟。

合理的时间分配能突出重点，让人印象深刻，而这就取决于面试准备是否充分。如果事先分析了自我介绍的主要内容，并分配了所需时间，抓住这几分钟，就能中肯、得体地展示自己。有些求职者不了解自我介绍的重要性，只是简短地介绍自己的姓名、身份、学历、工作经历等情况，大约半分钟就完成了自我介绍。有的求职者想把面试的全部内容都压缩在这几分钟里，导致自我介绍的时间过长，这也是不可取的。其实，面试官会在接下来的环节中向求职者提出相关问题，所以，求职者不必在自我介绍时滔滔不绝地和盘托出。

（3）自我介绍的禁忌

了解自我介绍时的各种禁忌，有助于求职者在面试中取得成功。下面重点介绍几点。

1）忌讳头重脚轻。有的求职者把自己刚参加工作时的那一段经历讲得非常详细，以至于忽略了时间，导致近年的工作经历只好一带而过，使得面试官对求职者的印象还停留在其刚参加工作的那一段经历里，从而对其能力产生错误的判断，同时也会认为求职者时间观念不强。

2）忌讳过于简单，没有内容。有的求职者在介绍工作经历时只用了1分钟，只介绍做了什么，却不介绍做成了什么和自己的专业、特长，被动地等着面试官发问，面试官却不知该从何问起。这样一来，求职者就错失了一次主动展示自己的机会，甚至会让面试官认为求职者过于轻率，或沟通表达能力不强。

3）忌讳把岗位职责当个人业绩来呈现。比如，自己曾经是市场部总监，就把整个市场部的职责逐条介绍了一遍，占了很多时间。你应该介绍自己在担任市场部总监这段时间内所做出的个人努力、采取的工作方法、获取的资源、最终取得的实实在在的业绩，这样才能打动面试官。

4）忌讳将话说得太满和撒谎。在做自我介绍时，事实不一定都要说尽，但说出来的一定是事实，一定不要说谎。不要把自己吹嘘得天花乱坠、无所不能。说得太完美了，面试官也不会相信，轻则认为求职者的自我认知能力不够，重则认为其职业操守有问题。坦然面对自己过往的工作经历中的一些曲折，也是具备较好职业品质的表现。

> **知识拓展**

面试时常见的基本问题如下。

1. 关于求职动机

1）你为什么选择我们公司？

2）你对在公司工作有什么预期（工作条件、薪酬等）？

目的：考察求职者的求职动机，判断求职者的工作预期和公司实际条件是否一致。

答案提示：可以结合自己对应聘单位的了解，重点从对这份工作的热爱及适应程度角度来回答问题。关于薪酬的问题，首先要对市场行情有大致的了解，然后提出一个中等偏上的工资数，同时要明确表态，比如，"相信随着我的工作业绩的提高，公司会给我相应的报酬的。"

2. 关于敬业精神

1）谈一谈你的工作经历中最值得自豪的事件，你是如何获得成功的？

2）你的职业态度是什么？

目的：考察求职者以往的业绩、职业态度、责任感、进取精神、开拓精神等。

答案提示：可以如实说出自己曾经成功的事例和经验，但是一定要说明，这些是不值得骄傲的，说话时语气应谦和，这样能够给人留下诚实、谦虚的印象。至于职业态度，可以根据应聘的职业来具体叙述。

3. 关于专业知识、特长经验

1）简单描述一下你的教育经历（包括学校教育和工作中的培训）。

2）如何使你的工作对公司更有价值？

目的：从专业的角度了解求职者的特长及知识的深度与广度，判断其是否具备岗位所需的专业知识和专业技能。

答案提示：关于对公司的价值，可以在了解公司基本情况的基础上，结合自己的专业大致说说自己工作开展的蓝图。

4. 关于未来发展能力

1）如果工作需要实行计算机自动化办公，你认为你能适应吗？

2）假设公司未来几年迎来高速发展，你将如何适应工作环境的变化？

目的：考察求职者的知识面、自我学习能力、身体状况、对未来的预期等。

答案提示：可以说明自己的计算机操作水平，如果还不熟练，可以说说自己学习计算机操作的计划。至于环境的适应，可以从通过再学习、再培训等说明自己会如何主动适应环境的变化。

实践训练

模拟面试训练

实训目标：掌握面试现场行为准则、交流与表达技巧、礼貌用语及面试结束礼仪等方面的知识和技能。

实训内容：学生分为3~5人一组，模拟面试场景。每组完成任务后，小组之间互评，小组内自评。每组发言完毕，可由评委小组打分，也可由除本组外的全班学生以举牌表示赞赏等形式评出优劣，并转化为分数。各组分数由教师计入平时成绩。教师可对各组的发言进行点评。

实训评价：填写模拟面试训练评价表，见表8-1。

表8-1 模拟面试训练评价表

日期		小组		姓名	
评价内容	评价指标	分值	自评	组评	师评
实施准备	准备是否充分，小组划分是否合理	10			
实施过程	面试现场行为准则、交流与表达技巧、礼貌用语及面试结束礼仪是否规范	60			
沟通协作能力	每位学员是否展示出良好的观察力和沟通能力	10			
团队合作能力	每位成员是否都能积极参与	10			
实训活动总结	对本次实训活动的总结与反思，形成改进方案	10			
备注	总分100分，80分为优秀，70分为良好，60分为合格，60分以下为不合格，总分=自评（30%）+组评（30%）+师评（40%）	总分			
教师建议内容					
个人努力方向					

模块小结

在求职与面试模块，我们先聚焦求职资料准备，阐述简历、求职信等制作要点，明确着装规范。接着深入讲解面试礼仪，从开场问候到交流举止、离场细节。通过这一模块的学习，助力大家掌握求职技巧，提升面试竞争力，自信迎接职场挑战。

练习与思考

一、单选题

1. 在面试前,你应该(　　)。
   A. 穿着适中　　　B. 穿着时髦　　　C. 穿着随意　　　D. 穿着正式
2. 到达面试现场后,第一件事应该是(　　)。
   A. 随便找位置坐下　　　　　　　　B. 靠后躲在角落
   C. 介绍自己并向主持人鞠躬或握手　　D. 继续使用手机或其他电子设备
3. 当面试官提问时,你应该(　　)。
   A. 看着其他面试官　　　　　　　　B. 直视面试官的眼睛并回答问题
   C. 不看面试官,看桌子或地板　　　　D. 不回答问题,保持沉默

二、简答题

1. 简述求职面试的过程及礼仪。
2. 求职面试中应该准备的资料有哪些?
3. 简历撰写的基本要求是什么?

三、案例分析

以下是一次面试过程。

背景:雇主办公室。

雇主看上去平易近人;求职者紧张而安静,有点不修边幅。

求职者:(敲门)

雇主:请进!

求职者:(没有声响地进门。向四周张望找椅子,坐下,然后低头看着地)

雇主:什么事?

求职者:哦,我找工作。

雇主:嗯?你想找什么工作?

求职者:(没精打采地)我已经很久没有工作了,什么工作我都愿意试一试。

雇主:我们正缺货物管理人员。你有这方面的工作经验吗?

求职者:没有,但我想试试。这份工作的工资是多少?

雇主:每月底薪800,另有奖金和补贴。如果没有其他问题,你回去等通知吧。

求职者:(站起来,颓废地)谢谢,耽误你时间了。

问题:这是一次成功还是失败的面试呢?请说明原因。

参考文献

[1] 史锋. 商务礼仪[M]. 5版. 北京：高等教育出版社，2021.
[2] 杨惠玲，李晖. 现代礼仪教程[M]. 重庆：重庆大学出版社，2021.
[3] 王玉苓. 商务礼仪案例与实践[M]. 2版. 北京：人民邮电出版社，2021.
[4] 杨金波. 政务礼仪[M]. 北京：中华工商联合出版社，2021.
[5] 陈向红，岳晓琪. 新编现代商务礼仪[M]. 2版. 北京：电子工业出版社，2019.
[6] 曹艺. 商务礼仪[M]. 2版. 北京：清华大学出版社，2013.
[7] 金正昆. 商务礼仪[M]. 北京：北京联合出版社，2019.
[8] 徐汉文，张云河. 商务礼仪[M]. 2版. 北京：高等教育出版社，2018.
[9] 杨贺，杨娟，马静静. 商务礼仪[M]. 2版. 北京：北京理工大学出版社，2016.
[10] 徐克茹. 商务礼仪标准培训[M]. 3版. 北京：中国纺织出版社，2015.
[11] 黄琳. 商务礼仪[M]. 3版. 北京：机械工业出版社，2016.
[12] 张国斌. 礼赢天下[M]. 北京：中国纺织出版社，2012.
[13] 吴新红. 实用礼仪教程[M]. 北京：化学工业出版社，2010.
[14] 陈璐，戚薇. 职业礼仪实训教程[M]. 2版. 北京：高等教育出版社，2024.